一本通系列

家庭理财

一本通 master

刘海燕 编著

U0265277

中华工商联合出版社

图书在版编目（CIP）数据

家庭理财一本通 / 刘海燕编著 . —北京：中华工
商联合出版社，2020.7（2023.9重印）
ISBN 978 - 7 - 5158 - 2762 - 9

Ⅰ.①家…　Ⅱ.①刘…　Ⅲ.①家庭管理 - 财务管理 -
基本知识　Ⅳ.①TS976.15

中国版本图书馆 CIP 数据核字（2020）第 126821 号

家庭理财一本通

作　　者：刘海燕
出 品 人：李　梁
责任编辑：关山美
封面设计：子　时
版式设计：北京东方视点数据技术有限公司
责任审读：于建廷
责任印制：迈致红
出版发行：中华工商联合出版社有限责任公司
印　　制：三河市燕春印务有限公司
版　　次：2020 年 9 月第 1 版
印　　次：2023 年 9 月第 2 次印刷
开　　本：710mm×1020mm　1/16
字　　数：240 千字
印　　张：17
书　　号：ISBN 978 - 7 - 5158 - 2762 - 9
定　　价：68.00 元

服务热线：010 - 58301130 - 0（前台）
销售热线：010 - 58302977（网店部）
　　　　　010 - 58302166（门店部）
　　　　　010 - 58302837（馆配部、新媒体部）
　　　　　010 - 58302813（团购部）
地址邮编：北京市西城区西环广场 A 座
　　　　　19 - 20 层，100044
http://www.chgslcbs.cn
投稿热线：010 - 58302907（总编室）
投稿邮箱：1621239583@qq.com

前言 PREFACE

家庭，是每个人的归宿；幸福的家庭，也是每个人的向往。在高速发展、竞争无限的现代社会里，要维持一个家庭并不容易，尤其是能使一个家庭过上好日子更是不容易。过日子不可避免地要涉及必要的经济负担，一个家庭若没有起码的经济能力以负担各种家庭的需求，幸福的家庭自然也就无法谈起。

大多数家庭通常都要面临收支不平衡问题，尤其是入不敷出的拮据生活，将使我们的人生充满痛苦。而在人生的各个阶段，经常面临大笔的支出，如用于支付教育、购房、培育下一代、医疗、养老等。这客观上要求人们提早进行理财规划，以做到有备无患。

我们必须认识家庭理财的重要性，力求满足预期的最大需求，另一方面要力图使消费决策做到有的放矢，制订一套适合自己家庭的科学理财计划。这样我们才能以有限的收入，过上高品质的生活。要达成这样的目标，需要我们动用智慧、眼光和心胸，不放过精打细算的小利，不贪图因小失大的便宜。通过不断学习理财知识，在一个较高的平台上实施我们的理财计划，放飞我们的理财梦想。

通俗地说，家庭理财就是运用开源节流的原则，增加收入，节省支出，用最合理的方式来达到一个家庭所希望达到的经济目标。这样的目标小到增添家电设备、外出旅游，大到买车、购房、储备子女的教育经费，直至安排退休后的晚年生活等。为什么现在很多人都觉得收入高了，钱却越来越不够花，经济压力越来越大，活得越来越累呢？这就是因为对家庭理财没有充分的重视。

每个人一生的收入主要来源于两个方面：一方面是工作收入，另一方面是理财收入。工作收入是基本稳定的，而理财收入则可能是无限的。

本书提供了建立一个快乐、幸福美好家庭的相关金融知识。全书从夯实理财基础、全面了解理财工具、传授理财技能三个方面着手，内容简单翔实、方法简便易行。本书共分12章，主要内容包括家庭理财的必要性和准备工作，储蓄、股票、基金、债券、黄金、期货、外汇、房产、保险、艺术品和邮币卡等投资工具的操作方案和技巧。

通过不断的知识储备增长您的财商，然后根据您的家庭条件选择最合适的投资渠道和投资组合，让您找到家庭投资理财的方法。本书文字活泼，案例生动，是一本为准备建立或已经建立家庭者量身打造的家庭理财宝典。

祝您的理财计划早日实现，祝您的家庭早日过上"健康、快乐、富足"的幸福生活！

编者

目录 CONTENTS

第一章 正确的理财观念让你富足一生

让理财成为一种习惯

要点导读

> 习惯是你不知不觉中做的事情，世界上最强大的力量就是习惯，好习惯能成就你，坏习惯能毁了你。理财是每个有理财意愿的人都可以做的事情。我们应该养成理财习惯。由被动变成主动，自发进行。

实战解析

有一个排名世界第一的推销大师就要退休了，他要作一场告别演讲。当天有5000位保险行业的精英来参加大会，他们都问及大师成功的秘诀。大师笑着说不必多说。这时候全场的灯光暗了下来，四个彪形大汉从一旁闪出来，他们抬了个吊着大铁球的铁架子，把它放在台的中央，大师拿一把锤子走了过去，敲一下，铁球没动，每隔5秒钟他又敲了一下，铁球还没动。

敲了半天，这时候台下的人们开始骚动起来，这是怎么回事儿？有的人甚至开始陆续离场，大师还在继续敲，终于铁球开始动，大师还继续在敲，等敲到40分钟的时候，铁球动的力量是任何一个人都没办法让它停下来。这时候大师站出来，和剩下的几百人分享了他一生的成功经验。成功就是简单的事儿重复地去做，当成功来的时候，你挡都挡不住。

　　大家为什么要理财？很多人都觉得理财就是让钱"生"钱，确实，这是我们理财最直接的目的。但是随着时间的推移，我们的认识也发生了变化，理财不仅是一个追求财富的过程，更是与我们生活息息相关的事情。

　　所以说，你应该为了未来的美好生活，抛弃不好的习惯，养成理财的习惯。当有一天，财如潮水向你涌来的时候，挡都挡不住。

💬 理财箴言

　　理财习惯的养成，要趁早进行。因为越早理财，就会让投资者今后的生活越轻松。比如购房计划、子女教育计划、养老计划等一系列大额刚性支出，若临到支出发生时才去准备资金，就会十分仓促甚至会造成理财目标无法实现。另外，以子女教育为例，如果能在小孩刚出生的时候，每个月固定用一部分资金开始准备子女教育基金，完全可以避免将来子女成年后需要一次性大笔支出教育费用，而对家庭财务造成过大的冲击。

突破传统理财观念的桎梏

📋 要点导读

　　财富的增长，在很大的程度上取决于理财的观念。如果不能打破传统的理财观念，不仅不能增加财富，而且还有可能使自己过去积聚的财富萎缩甚至损失。如果理财得当，财富将迅速增加。诺贝尔奖奖金的迅速增长，就是巧妙合理地选择理财方法和理财产品的结果。

💳 实战解析

　　很多人习惯于储蓄，而从不进行投资理财，到最后却发现，通货膨胀已经渐渐地把自己的积蓄吞噬掉了。

曾有一个很有钱的富人，因担心自己的黄金会被歹徒偷走，于是就在一块石头底下挖了一个大洞，把黄金埋在洞里，还隔三岔五地来看一看、摸一摸。突然有一天，黄金被人偷走了，他很伤心。正巧有一位长者路过，了解情况后便说："我有办法帮你把黄金找回来！"然后，长者用金色的油漆，把埋藏黄金的这颗大石头涂成金黄色，然后在上面写下了"一千两黄金"。长者说："从今天起，你又可以天天来这里看你的黄金了，而且再也不必担心这块大黄金被人偷走。"

如果金银财宝没有使用，那么跟涂成黄金样的大石头就没啥两样。

一个人只要愿意，就可以改变自己的思想、观念及生活方式，就可以从此脱离一成不变的生活圈，享受海阔天空任翱翔自由自在的生活，为自己找回人生的理想。当今社会，如果还按照传统的思维方式支配自己的行为，不去打破常规，那就会越走越艰难。因为能否赚钱，并不在于我们投资多少，有多少好的产品。而是我们敢不敢去把握社会发展的先机。想不想开发我们的天赋与潜能以智招财，而不是以"苦"换财。无论现在或将来，它都决定了我们人生的经济状况。其实人的潜能用得越多，便有越多的潜能可用，成功者只是比普通人多用了一点潜能，我们的潜能可能还没有真正发掘出来。能力加上机遇，我们只会成功，不会失败。

💬 理财箴言

路虽远，行则将至；事虽难，做则必成！观念比努力更重要，选择不对，努力白费！有什么样的想法就过什么样的生活。你的想法会影响你的抉择，你的抉择会决定你的一生，也就会决定你的财富。

早一天行动，早一天受益

📑 要点导读

> 　　时间就是金钱，投资理财越早越好。同样的资金早十年投资，回报将会有很大不同。所以越早投资也就越快获得财富。就算早一天投资，也会比晚一天要好，这就是趁早投资理财的理由，时间才能够为你创造财富。

📧 实战解析

　　投资获利，一定是越早越好的，谁越早有这样的想法就会越早成功发财。很多年轻人总认为理财是中年人的事，或是有钱人的事，其实理财能否致富与金钱的多寡关系并不是很大，而与时间长短之间的关联性却很大。人到了中年面临退休，手中有点闲钱，才想到为自己退休后的经济来源做准备，此时却为时已晚。因为时间不够长，无法使复利发挥作用。要让小钱变大钱，至少需要二三十年以上的时间，所以理财活动越早越好，并养成持之以恒、长期等待的耐心。

💬 理财箴言

　　大多数人认为投资太冒险，实际并无多大风险，提前投资就是会提前抓住机会。其实财富，就是支持一个人生存多长时间的能力，或者说如果今天停止工作，我还能活多久。

理财不是盲目跟从

📑 要点导读

> 　　理财切忌盲目跟从或毫无计划，不论是哪个年龄，从事哪种职业，拥有多少财富，都应该有合理的个人理财规划，只有这样你才能拥有越来越多的财富，而不是一直

入不敷出。制订个人理财规划，实现财富目标!

实战解析

投资理财不是盲目跟从，一定要有自己的一个理财方案。要清楚地认识到理财的流程，不能只看着眼前的利益，这样会因小失大。

1. 用余钱去理财

首先要树立正确的金钱观，在不影响生活质量的前提下再用余钱进行理财。千万别存"无本逐利"心理，因为那样极容易被金钱所绑架，沦为它的奴隶。在高收益前面，投资者应该保持头脑清醒，不要盲目投资。

2. 培养资产配置的意识

市场每天都在瞬息万变，投资者一定要根据市场规律的变化对自己的计划及决策进行调整。在感到明显的危险信号时，应及时止损，如若心存侥幸，那么很有可能让自己最后落得一场空。同时，投资者应居安思危，学会培养资产配置的意识，分散投资，筑起财富的"避风港"。

3. 理性决策必须贯穿始终

部分投资人常喜欢时不时浏览投资网站，看今天赚了多少，明天又能赚多少。听到消息容易太过敏感，看到平台跑路、提现困难、诈骗等，就开始担心自己投进去的钱可能也不安全。投资者与其因为短期的账面浮动而患得患失，倒不如多花点时间好好研究市场走势，分析平台动态背后真相。总而言之，投资者想要避免做草率的决策，就一定要拒绝情绪化，保持足够的耐心。

4. 保持平和的理财心态

在投资前制订好计划，考虑好投资策略。步入市场时，不要一有风吹草动，就举棋不定，尤其是受他人的"羊群心理"影响时，不要将投资方案抛诸脑后。只有敢于对自己的行为负责，你的心态才能保持平和。

5. 适合自己的才是最好的

投资者首先要考虑自身的实际情况，在对自己的情况充分了解之后，再制订一个长期的理财计划，量力而行。在自身承担能力的范围内进行投资理财，适合自己的才是最好的。

💬 **理财箴言**

每个人的一生都有多种不同的目标，其中之一就是理财目标。做任何事情如果没有目标都不可能取得成效，没有理财目标就会每天随着市场的涨跌，在自己的得失情绪中煎熬。而有了理财目标就可以减少情绪化的决定，理性面对市场变化。

"没钱"永远都不是你拒绝投资的理由

📋 **要点导读**

> 一想到投资，人们自然而然地就想到大笔的资金。其实，只要我们能转变观念，保有强烈的欲望，没钱一样也能进行投资。没有钱永远都不是你拒绝投资的理由。

💳 **实战解析**

与一些人的想法相反，事实上，越是没钱的人越需要理财，没有钱永远不能成为你拒绝投资的理由。举个例子，假如你身上有10万元，但因理财错误，造成财产损失，很可能立即出现危及你的生活保障的许多问题，而拥有百万、千万、上亿元"身价"的有钱人，即使理财失误，损失其一半财产亦不致影响其原有的生活。因此说，必须先树立一个观念，不论贫富，理财都是伴随人生的大事，在这场"人生经营"的过程中，愈穷的人就愈输不起，对理财更应要严肃而谨慎地去看待。

其实，在芸芸众生中，所谓真正的有钱人毕竟占少数，工薪族仍占大多数。即使捉襟见肘、微不足道亦有可能"聚沙成塔"，运用得当更可能就是"翻身"的契机。财富能带来生活安定、快乐与满足，也是许多人追求成就感的途径之一。适度地创造财富，不要被金钱所役、所累是每个人都应有的中庸之道。要认识到，"贫穷并不可耻，有钱亦非罪恶"，不要忽视理财对改善生活、管理生活的功能。

理财应"从第一笔收入、第一份薪金"开始，即使第一笔的收入或薪水中扣除个人固定开支及"缴家库"之外所剩无几，也不要低估微薄小钱的聚敛能力，1000万元有1000万元的投资方法，1000元也有1000元的理财方式。绝大多数的工薪阶层都从储蓄开始累积资金的。一般薪水仅够糊口的"新贫族"，不论收入多少，都应先将每月薪水拨出10%存入银行，而且保持"不动用"、"只进不出"的情况，如此才能为聚敛财富打下一个初级的基础。假如你每月薪水中有500元的资金，在银行开立一个零存整取的账户，不管利息多少，20年后仅本金一项就达到12万了，如果再加上利息，数目更不小了，所以"滴水成河，聚沙成塔"的力量不容忽视，任何时候都不应该拒绝进行投资。

不仅不要拒绝投资还要采用多种形式交叉进行，在节衣缩食稍稍取得些"成果"后，如果这时候嫌银行定存利息过低，就可以开辟其他投资途径，或入户国债、基金，或涉足股市，或与他人合伙入股等，这些都是小额投资的方式。

💬 **理财箴言**

投资最重要的就是不要忽视小钱的力量，就像零碎的时间一样，懂得充分运用，时间一长，其效果自然惊人。最关键的起点问题是要有一个清醒而又正确的认识，树立一个坚强的信念和必胜的信心。

设定家庭理财目标

📋 **要点导读**

目标，是对未来行事成果的期望，合理的家庭理财目标是家庭理财成功的第一步。没有目标就没有规划，就难言结果。家庭理财目标与家庭成员在学习、工作、健康、娱乐、人际交往、事业等方面的追求密不可分。家庭理财目标的设定与规划在于能有助于家庭成员实现精神、教育、财务、娱乐等各方面的平衡。

实战解析

随着人们思想认识和消费方式的提高与转变，怎样进行合理的家庭资产配置，促进家庭财富的积累，使家庭财产免遭风险并实现家庭的幸福与和谐，已经成为人们经常谈论的话题并引发对家庭理财的思考和规划。

设置理财目标时需要注意两点：一是理财目标必须量化，二是要有预计实现的时间。理财目标的设定必须是合理的，完全脱离现状设置理财目标是无效的。未来你可能有一些支出计划，或者是一些投资计划，可以选择使用理财规划软件实现理财目标细化、完整化。

如果我们对自身的条件和环境都有了一个清楚的规划之后，就可以开始制定自己的财务目标或者是想要达到的财务理想了，可以采取以下方式来进行。

1. 列举所有愿望与目标

列举目标的最好方法是使用"头脑风暴"，所谓头脑风暴就是把你能想到的所有愿望和目标全部写出来，包括短期目标和长期目标。列举的目标可以是个人的，也可以包括家庭所有成员的。

2. 筛选并确立基本理财目标

审查每一项愿望并将其转化为理财目标，有些愿望不太可能实现，就需筛选排除。如五年后希望达到比尔·盖茨的财富级别，这对大多数人来说，是遥不可及的，也就不成为实际可行的理财目标。

3. 排定目标实现的顺序

把筛选后的理财目标转化为一定时间能够实现的、具体数量的资金量，并按时间长短、优先级别进行排序，确立基本理财目标。所谓基本理财目标，就是生活中比较重大，时间较长的目标，如养老、购房、买车、子女教育等。

4. 目标分解和细化，使其具有实现的方向性

制订理财行动计划，即达到目标需要的详细计划，如每月需存入多少钱、每年需达到多少投资收益等。有些目标不可能一步实现，需要分解成若干个次级目标，设定次级目标后，你就可以知道每天努力的方向了。

🗨 理财箴言

家庭理财的长期目标是指从现在开始，一直到退休或去世前要达到的目标，比如让自己退休后过上高品质的舒适生活等。由于其长期性，就要分期设定，定期修正。中期目标是指两到十年内的目标，比如用五年的时间攒足够的钱支付购房首付等。短期目标则指一年内的目标。一般地讲，一旦确定了长期目标，中短期如何安排就会相当清楚了。

明确自己的投资风格

📃 要点导读

进行投资有多种方式，每个人都应该根据自己的性格特点选择适合自己性格的投资方式，这样操作起来才能够游刃有余。

📇 实战解析

既然投资需要根据自己的性格类型来确定，但是怎样才能知道一个人的性格呢？下面我们通过测试来了解一个人的性格类型并确定适合哪种类型的投资。测试题如表1-1所示。

表1-1 投资类型性格测试一览表

题目	选项	分值
1. 请问你这次投资计划的目的是为什么？	A 度假/购买新车 B 置业首期 C 子女的教育费 D 退休储蓄/收入 E 给家属留下产业	0分 0分 1分 10分 10分
2. 你大约会在多少年后退休？	A 已退休5年内 B 5年至7年 C 8年至10年 D 11年至14年 E 15年以上	0分 0分 2分 8分 10分
3. 于未来五年内，你打算从此项投资计划内提取多少资金？	A 少于30% B 31%至50% C 51%至70% D 多于70%	20分 16分 8分 0分
4. 你大约会持有这项投资计划多少年，才有可能动用其中的大部分的资金？	A 5年内 B 5年至10年 C 11年至19年 D 20年以上	0分 0分 18分 30分
5. 你能否接受高风险的投资以争取更高的回报潜力？	A 完全接受 B 接受 C 基本接受 D 不太接受 E 绝对不接受	30分 24分 18分 12分 6分
6. "我并不在乎我的投资价值每日的浮动。"你同意这种说法吗？	A 非常同意 B 同意 C 基本同意 D 不太同意 E 绝不同意	10分 8分 6分 4分 2分
7. "投资的亏损只是短期现象。我认为只要继续持有投资项目，终必可收复失地。"你同意这种说法吗？	A 非常同意 B 可以接受 C 倾向同意 D 倾向不同意 E 绝不同意	20分 16分 12分 8分 4分
8. 若市价忽然下跌，你是否仍会继续持有该投资项目？	A 肯定会 B 极有可能会 C 不肯定 D 极有可能不会 E 绝对不会	10分 8分 6分 4分 2分

续表

题目	选项	分值
9. 以下各项反映不同的投资取向。哪一项最能代表你目前的情况？	A 我希望作比较稳健的投资，得到固定利息及股息回报，而且投资的亏损风险较低 B 我希望投资组合既有固定利息及股利收入，又可增长，两者平衡 C 我希望从投资组合获得某些利息收入，但以增长为主 D 我作投资只求长线增长	4分 10分 16分 20分
10. 你现在的年龄	A 35岁以下 B 35岁至44岁 C 45岁至54岁 D 55岁至64岁 E 65岁以上	20分 20分 12分 4分 0分
11. 你的性别	A 男性 B 女性	10分 2分
12. 你全年的家庭总收入	A 30000元以下 B 30000元至6000元 C 61000元至90000元 D 91000元至120000元 E 超过120000元	2分 4分 6分 8分 10分
13. 你对于自己将来的收入是否有安全感(如受雇收入或退休金收入)?	A 绝对有安全感 B 颇有安全感 C 不肯定 D 不大有安全感 E 极没有安全感	10分 8分 6分 0分 0分
14. 做投资的原因是否为了降低个人所得税？	A 绝对不是 B 基本没考虑这种情况 C 有一小部分原因 D 是大部分考虑因素 E 投资的主要原因	2分 4分 6分 8分 10分

　　根据上表的测试题，不同的测试者根据自己的得分情况可以分为如下几种不同类型的投资者。

　　1. 保守型投资者

　　如果测试者的得分在95分或以下者的投资期限很可能是在10年以下。该性格的人希望能够安稳维持原有的投资成本，同时适度享有股票

11

的成长潜力。在可以接受的范围内，还乐意承担小幅度的本金波动风险。这种类型的投资者极不愿意面对投资亏本；不会主动参与有风险的投资；即使投资回报率相对较低，还是希望将投资存放于相对保本的地方。由于股票市场较为波动，"保守型"投资者不宜参与。

2．温和型投资者

如果测试者的得分在96～125分就是温和型投资者，其主要是以保障现有资金为主，对回报率波动幅度承受力较低，希望投资保持稳定，对所投资资金增值程度要求较低。其对投资比较谨慎，尽量回避风险。宁愿将资产的大部分投资于较低风险的债券市场或非常灵活的货币市场中，获取相对较低的回报。能意识到投资股票是相对进取的行为，短期投资是有可能亏本的，因此可以回避股票投资。

3．平衡型投资者

如果投资者的得分在126～140分则是平衡型投资者，主要是期望获得中等程度入息及资本增值。这类投资者并不十分看重目前收入，而是更注重投资的稳定成长。可以承受一些波动，但更希望自己的投资风险小于市场的整体风险。其对投资知识较为了解，因个人需要，将投资平均分配于高风险高回报和低风险低回报的产品。愿意投资于较高风险的股市，是期望在长线上追求较高的资本回报，以抗衡通货膨胀，其余投资于风险较低的债券市场，取得组合的均衡发展。了解到投资股票是有可能亏本的，在组合方面，倾向债券投资与股票投资相对均衡。

4．自信型投资者

如果测试者的得分在141～160分则为自信型投资者。资产组合较为丰富，股票的比例已经很高，但会预留短时期内足够的现金流。你可能是较为年轻，对未来的收入充分乐观，个人财务上有足够的资金保障。其明白高风险高回报、低风险低回报的投资定律。愿意将资产的大部分，投资于较高风险的股市上，期待获取较高的回报率，但同时明白股票投资在短期波动中，有可能产生账面损失。在组合方面，股票投资的比例会较债券投资大。

5. 进取型投资者

如果测试者的得分在161分以上，则为进取型投资者。主要是以寻求长线增长为主，目前并不急需赚取主要入息，且不需要在短期内兑现资金，有很高的回报波动承受能力，最主要看重追求长期的，高度的资金增值。因为有充裕的时间，其投资期限可能至少在15年以上，因此其愿意承担短期的市场波动风险追求长期的投资绩效。

理财箴言

按照自己的性格选择适合自己的投资方式才能真真正正地取得投资的成功，在操作的过程中不受自己性格的束缚。

恐惧与贪婪是理财大忌

要点导读

巴菲特最经典的名言：每个人都会恐惧和贪婪，我不过是"在别人恐惧的时候贪婪，在别人贪婪的时候恐惧"罢了。巴菲特正是这样恰到好处地掌控了投资中恐惧和贪婪的人性弱点，最终取得了成功的。

实战解析

人性是有缺点的，如妒忌、懒惰、怨恨等，这些缺点可以破坏我们正常的生活，但破坏力最强的，非恐惧和贪婪莫属。对于投资来说，这两类情绪足以使投资者错过机会，也足以使投资先成功后失败，惨淡收场。

在投资市场那么多投资者会失败，而成功者却寥寥无几，其中一个主要的主观原因便是因为贪。以股票投资为例，当股票升了几百点之后，会盼望着再升几百点，本来出手已有大利可得，但却还继续持有，梦想着一夜暴富。可是，股票却出现了突然下跌，跌破了底。最后本来可赚的利润没得到，连老本也赔了进去，弄得自己痛不欲生。这都是因为贪，贪到了无法控制的地步的缘故。

投资有一种与贪婪正好相反的反应就是恐惧。贪婪使人过于大胆，恐惧令人过于退缩。每个投资市场都会有无数的风险，价格升升跌跌是很正常的。头脑冷静，信心十足者，可以笑看风云，兵来将挡，水来土掩，但心有恐惧者则自己打败自己，站不起来。当然，恐惧并非无药可救，只要多加克服，巧加利用，同样可以变成好事。

在投资市场上，恐惧使那些软弱的投资者早早离场。本来市势非常看好，大市只不过稍稍见跌，便已经害怕起来，不敢继续持有，唯恐夜长梦多，于是急急平仓，随后市势止跌回升，一切利益与自己无缘。贪婪使人失败，或把原来已经含在口中的肉硬生生地由自己从口中掏出来。恐惧令人无法按照既定的计划行事，原本正处于有利的境地，却因为恐惧而退缩，失去获利机会。

💬 理财箴言

贪婪和恐惧是人的通病，是投资成功的大忌。因此，要想成为一个成功的投资者，就一定要控制好这些缺点，最好是彻底摆脱它们。

选择最适合自己的投资领域

📋 要点导读

> 投资的时候从自己最熟悉的最适合自己的领域做起，并不是故步自封，而是要扬长避短。

实战解析

当你把钱投入使用，却不知其投向，或者不知使用效果时，那么另一种不可解决的问题就会发生。简而言之，如果向自己不熟悉的领域投资，那么很可能会失败。假使这些钱不能如期收回，那么将失去这些钱。把钱投放在你适合的领域，要在你最熟悉、最有把握的情形下投资是避免这类问题发生的最好办法。下面我们来看一下这样一个故事。

乌鸦羡慕天鹅，认为美丽洁白的羽毛，大概是在水中游来游去漂白的，于是就离开赖以生存的环境，迁居湖泊，从早到晚不停地洗刷身上的羽毛，日久天长却总是改变不了颜色，最终因在周围难以寻觅到食物而饿死。

这个故事告诉投资者将资金投向自己不熟悉的领域或标的（如股指期货与融资融券等新品种），只能将自己逼入绝地，最终失败。进行投资就要先从自己熟悉的领域做起，不要轻易地改弦更张，更不要随随便便就去追赶所谓的"热门"。

💬 **理财箴言**

在股票中赔钱最多的就是那些不停地在追逐热点换股票的股民，败得最惨的就是那些不停地更换自己的领域，看见什么赚钱就做什么的人。

只以闲置资金投资

📑 **要点导读**

如果投资者以家庭生活的必须费用来投资，万一亏蚀，就会直接影响家庭生计的话，在投资市场里失败的机会就会增加。因为用一笔不该用来投资的钱来生财时，心理上已处于下风，故此在决策时亦难以保持客观、冷静的态度。

实战解析

投资者在采取投资行为的时候，应该利用多余的闲置资金来从事投资。投资原本是一种"理财"的行为，并非"生财"功能。若是把投资当作饭碗，衣食住行全靠它，并无不可，衡量投资人是否具有相当的技术能力，或者拥有较充裕的资金。否则价格变动乃属正常，输赢更非一定，若拿它当饭碗，便须考虑到万一行情判断错误时，套牢时间可能较长，在此期间就会造成进退两难的局面。

利用闲置资金投资有这样几点好处。利用闲置资金投资，得失之心可以不必太重，也不许给予抢进杀出。经验与统计证明，中、长线的投资者，其获利经常高于短线进出者。利用闲置资金投资就可以避免因为经济上面的问题需要而挪用投资的那部分资金，所以就可以以不变应万变，从容处之，减少很多不必要的压力。

理财箴言

若是自由的闲置资金，就不会有太大的心理压力；同样，若是挪用吃、穿、住、行的资金或是借贷来的资金，就要面临日常生活开支或债务催讨的压力，这就难以做到冷静地思考操作策略和保持稳定的投资心态。

善用投资组合分散风险

要点导读

在投资中，从来没有人不犯错误。错误来临时，多数人都会抱着止跌企稳的心态，认为总有一天自己的投资产品能够成为"黑马股"。然而现实却事与愿违，血本无归的故事就此上演。因此，在家庭理财中切不可孤注一掷，必须通过投资组合来分散风险。

实战解析

家庭理财需要均衡配置资金的投向和比例，如果家庭理财渠道单一，产品选择空间狭窄，就会产生资产配置不平衡性的风险。受趋利心理的影响，投资者往往会陷入将所有资金投向一个收益较高的理财产品中，一损俱损，一荣俱荣，但是这是赌徒心态，不是健康理性的家庭理财心态。资产配置的不平衡性极易酿成家庭理财惨剧，不利于投资风险的分散，投资者应该根据家庭财富的实际情况均衡分配资金投入比例，合理对冲投资风险，避免落入资产配置不平衡的风险中。

受困于收益波动性风险即过分追求投资收益的稳健，对收益波动敏感甚至排斥，实际上一些投资收益有所波动的理财产品并不像投资者担心的那样不靠谱，正常合理的波动还是可以接受的，如果过度追求稳健，可能最终获得的投资收益也十分有限。波动的投资收益中酝酿着较高的获利机会，就如一些固定收益加浮动收益理财产品既可以满足投资者对固定收益的需求，又可以满足其对浮动收益的期待。家庭理财，稳健投资很重要，但是如果过度追求稳健，困于收益波动性的困局中，对投资收益的正常波动产生畏惧就不正常了。

投资者的资产配置状况与年龄、家庭财务状况、生涯规划、债务情况甚至性别等息息相关。个人怎样进行资产配置，主要取决于个人目前处于人生的哪个阶段，而不是拥有资产的绝对数量。如果年龄小、负担轻、风险承受能力比较强，可以考虑相对积极型的规划，中高风险的投资工具比例可以相对高一些；而对于上有父母要赡养，下要考虑儿女教育的"中坚"群体，更适合稳健型的投资规划；处于退休前后准备养老金的人，就更要注重保证本金的安全性和流动性。

理财箴言

无论怎样的资产配置方式，最后一定要设定"保障线"，因为风险是无处不在的，无论如何精心设计的投资理财规划都无法掌控未来市场的变化，以银行存款来保证随时可取用的现金流和保险提供的重要保障，才能安心地做到有备无患。

管理财富要有逆向思维

要点导读

> 成功投资者的表现必须偏离常态，其预期必须比人们的共识更加正确，与众不同。这些都源于非凡的洞察力。我们都致力于追求杰出的投资回报，大多数人都明白风险管理和获得回报之间的关系。训练有素的投资者对于在特定环境中出现的风险有一定判断。判断的主要依据是价值稳定性和可靠性，以及价格与价值之间的关系。

实战解析

1901年，伦敦举行了一次"吹尘器"表演，它以强有力的气流将灰尘吹起，然后收入容器中。而一位设计师却反过来想，将吹尘改为吸尘，岂不更好？根据这个设想，他研制成了吸尘器。

在工作中发挥逆向思维的威力，就会多一个解决工作中遇到的问题的方法。

通俗地讲，在家庭理财中就是要通过计算每个月的收入、支出来综合反映消费现状，在这个过程中，简单而又细致的四则运算，就成为理财的一把标尺。这个月理财是不是成功，下个月应该如何调整自己的收入和支出。只要拿出这一把标尺，平静地对照一下尺度，适当地调整一下支出的项目，就可以让下个月的生活愈加人性化、愈加有滋味。

不论哪一种思路都是为了理财，如果我们能从另一个角度去审视，也许就会有一种全新的理财观念。

无论人们采用哪种方式理财，最终还是为了消费。如果我们能从消费上来把好关，难道不是一种绝妙的理财方式吗？试想一下，我们按月来计算，每个月用于消费的钱，都控制在一定的标准之内，只要能坚持，几年之后你的手里一定会积起一笔财富。

这种逆向的思维，从人们消费的角度入手。一方面，我们不会出现入不敷出的现象；另一方面，也能持续而有效地提升人们的幸福指数。

💬 理财箴言

世间万事万物都是相互联系的，人们掌握的知识也是多门类、多学科的，因此，面对一个思维对象，不能更不必仅仅局限于传统习惯，不能更不必死守一个点。单兵作战毕竟力量太薄弱，合力作战，不就威力强大了吗？逆向思维最宝贵的价值，是它对人们认识的挑战，是对事物认识的不断深化。

用好复利，让时间为你赚钱

📋 要点导读

复利到底有怎样的魔力？我们可以计算一下，1元钱，每年翻一倍，持续30年，最后的数字是多少？是十亿，准确的数字是1073741824元。

💳 实战解析

李嘉诚、王永庆一生财富复利增长超过10000倍，索罗斯31年复利了5000余倍，巴菲特40年复利了4000倍等。"万元户"30年前是富人，现在是穷人；20年后拥有多少万元才不是穷人呢？20年后需要增长多少倍财富才是保财成功呢？20年后需要增长多少倍财富才不影响养老、育后、高品质生活等日常活动呢？这一些问题都说明复利在通货膨胀条件下的威力。

普通人不明白复利的无比威力，不懂财富复利奥秘，也不实践复利，不抗通货膨胀和危机，注定与财富无缘。因此，投资者如果具有

"长期稳定增长的较低复利也能创造奇迹"这种思想，就能够克服妒忌心理，专心做好自己的事情。即使短期输给别人，只要坚持下去，将会比大部分人富有。要能够克服恐惧心理，只要你确信是在低位有价值的区域买入，一般来说下跌空间已经有限，而证券市场年年都在大幅波动，也许会有两、三个月时间被套牢，但一年下来多多少少总会有10%～20%的收益，即使有10%以上的持续复利增长，也足以创造奇迹。

💬 理财箴言

在证券市场上最杰出的复利增长者——巴菲特，也只维持了24%的常年投资报酬率，大部分人都达不到这样的水平。保守的投资人夜夜安枕，复利就是以长远的思想换来短期的心理平静。

永远为自己留有余地

📑 要点导读

> 留有余地，是进退自如，是收放从容，是处世的艺术，是人生的哲学。同样的道理，在进行投资的时候，投资者也不要太过极端，要记得给自己留有余地，以防万一就会有回旋的余地。

💳 实战解析

人们做事的时候，大体上可分为两种，一种是要么不做，要么做便做到尽；另一种是事事留有余地。第一种是很极端的行为：吃一顿饭也要吃到撑为止；跑步时，跑得几乎倒了下来才休息。做事做尽在很多事业上，都有好处，可以成为某个行业上的专家。但是投资却不能这样的。

投资要考虑到自己的能力，量力而行。投资不能太极端，极端会带来无穷无尽的麻烦，留有余地是必需的。留有余地的原则就是不要把太多的资金放在高风险的项目上。有些人简直是用命去投资，不单用自己的财产，甚至去东借西借，负债累累，一旦股市崩盘，就惨不忍睹。股灾后跳楼自杀或是发神经病的，基本上都是这一类人。不要盲目地等峰顶。赚钱想赚到尽，最好是股票刚刚达到峰顶，在最高的一点上出市。虽然这很难做到，但都应尽最大努力去克制。

💬 理财箴言

世界上没有常胜的将军，商场上没有不败的英雄。智慧的创业者在初涉商海时，一般都是"一颗红心，两种准备"，既勇往直前，也留有余地，这才是理智的选择。当今社会机遇与风险并存，把握好时机，勇于开拓自己的事业，但同时也要给自己留一条退路。

第二章 财商源于知识储备

别把投资和金融画等号

要点导读

> 　　投资是一种经济行为——为了获得未来货币增值为目的的经济行为。金融指货币的发行、流通和回笼，贷款的发放和收回，存款的存入和提取，汇兑的往来等经济活动。简单来说，金融就是资金的融通。金融是货币流通和信用活动以及与之相联系的经济活动的总称。

实战解析

　　1. 投资

　　对于投资有这样两个方面的含义。其一就是货币增值，获利最大化。这表明投资是一个行为过程，这个过程越长，未来报酬的获得就越不肯定，即风险越大。其二就是经济行为，有意识的经济行为。投资是一种行为，而行为是受人的意识、心理的调节、控制的，这就赋予了投资以人类心理的色彩。经济学家凯恩斯用投资边际效率"三大心理定律"之一来解释投资行为，并把投资不足归结为心理因素作用的结果，足以反映经济学家对投资心理的重视。

　　2. 金融

　　金融的内容可概括为货币的发行与回笼，存款的吸收与付出，贷款的发放与回收，金银、外汇的买卖，有价证券的发行与转让，保险、信托、国内、国际的货币结算等。从事金融活动的机构主要有银行、信托投资公司、保险公司、证券公司、投资基金，还有信用合作社、财务公司、金融资产管理公司、邮政储蓄机构、金融租赁公司以及证券、金银、外汇交易所等。

💬 **理财箴言**

在资本市场中作投资或投机，对散户参与者来讲，据说大部分人是不成功的。

学会计算投资成本和收益

📋 **要点导读**

> 投资的成本一般而言包括两部分：可见的投资费用和不可见的机会成本。投资者既不可贪大利而忘乎所以，亦不可"缩手缩脚"而错失良机。因此，一定要弄明白何为成本，如何计算？何为收益，又是如何计算的。

✉️ **实战解析**

1. 投资成本

（1）投资费用

一般来说，投资成本包括投资费用和机会成本两部分。以基金为例，投资费用一般可分为两大类：一类是净值外的显现费用，如认购费、申购费、赎回费、基金转换费等，即投资者交易时自行额外负担的成本；另一类是隐含的费用，即基金净值内费用，如管理费、托管费、基金运作费等，这些费用往往在基金公司公布基金净值时已被扣除。

分别按照下面的计算公式计算：

认购费用=认购金额×认购费率

其中，认购份额=（认购金额－认购费用）/基金单位面值。

23

如果采用申购的方式购买基金，其费用和份额的计算公式与认购相同；申购费用=申购金额×申购费率，按照当日基金净值计算，申购份额=(申购金额－申购费用)/当日基金单位净值。

（2）机会成本

机会成本指为了获取某种机会而消耗的人力、财力和物力。投资中的机会成本指因投资而失去的资产的潜在最大收益。最主要的机会成本就是消费价格指数上涨因素。

2．投资收益

进行投资是为了获得投资收益，计算投资收益率就是选择品类过程中的必然步骤。一般来说，计算投资收益率的方法有如下两种。

（1）每月的投资收益率

月投资收益率＝(本月月末卖出价－上月月末卖出价)/上月月末卖出价

（2）某一期间的投资收益率

期间投资收益率＝(本期期末卖出价－上期期末卖出价)/上期期末卖出价

💬 **理财箴言**

当然，由于投资者在进入投资账户时要扣除手续费、买卖差价，所以投资账户的收益率不等于客户可投资资产的实际收益率，如果计算入投资成本，实际投资收益率会低于账户投资收益率。

认识净资产报酬率

📑 **要点导读**

净资产报酬率，又称净值报酬率，这一指标反映了总资产获取收益的能力。

💳 **实战解析**

资产报酬率=总资产报酬率＝(息税前利润/资产平均总额)×100%

= (净利润+利息费用+所得税费用)/资产平均总额×100%

其中，资产平均总额=(期初资产总额+期末资产总额)/2。

净资产报酬率 = (息税前利润/净资产平均总额)×100%

= [(净利润+利息费用+所得税费用)/净资产平均总额]×100%

其中，平均净资产额=(期初所有者权益额+期末所有者权益额)/2。

理财箴言

净资产报酬率越高，投资就具有更高的市场价值。

读懂财务报表

要点导读

> 财务报表亦称对外会计报表，是会计主体对外提供的反映会计主体财务状况和经营的会计报表，包括资产负债表、损益表、现金流量表或财务状况变动表、附表和附注。

实战解析

读财务报表是一种基本技能，财务知识是投资者必不可少的基础。

一般而言，财务报表主要包括这样几种类型：

（1）按照编报的时间分为月报、季报和年报；

（2）按照编制单位，可以分为单位报表和汇总报表；

（3）按照报表的报送对象，分为个别会计报表和合并会计报表等。

通过财务报表，能看到一般投资者看不到的东西，还能掌握控制自己的经济状况，一般投资者把价格的高低起伏看作买卖的时机。而投资高手会训练大脑对价格起伏以外的商机做出更敏锐的反应。因为他们知道，不经训练的眼睛，是无法捕捉到最佳时机，达到人生中理想的彼岸。

💬 **理财箴言**

　　对于打算通过投资致富的人，仅仅熟悉财务报表是远远不够的。但财务报表可以提高自身投资的安全系数，还可以使你在更短的时间内赚到更多的钱。因为分析财务报表能使投资者瞄准投资机会，而这些机会恰恰是一般投资者不易看到的。

从资产负债表看财务状况

📋 **要点导读**

　　资产负债表是指反映某一特定日期的财务状况的报表。资产负债表主要反映资产、负债和所有者权益三方面的内容，并满足"资产=负债+所有者权益"平衡式。

💳 **实战解析**

　　资产负债表主要提供有关财务状况方面的信息，总而言之通过资产负债表，主要有以下几个方面的信息：

　　（1）可以提供某一日期资产的总额及其结构，表明企业拥有或控制的资源及其分布情况，即有多少资源是流动资产、有多少资源是长期投资、有多少资源是固定资产等；

　　（2）可以提供某一日期的负债总额及其结构，表明未来需要用多少资产或劳务清偿债务以及清偿时间，即流动负债有多少、长期负债有多少、长期负债中有多少需要用当期流动资金进行偿还等；

　　（3）可以反映所有者所拥有的权益，据以判断资本保值、增值的情况以及对负债的保障程度。资产负债表还可以提供进行财务分析的基本资料，如将流动资产与流动负债进行比较，计算出流动比率；

　　（4）将速动资产与流动负债进行比较，计算出速动比率等，可以表明企业的变现能力、偿债能力和资金周转能力，从而有助于会计报表使用者做出经济决策。

理财箴言

资产负债表利用会计平衡原则，将合乎会计原则的资产、负债等交易科目分为"资产"和"负债"两大区块，在经过分录、转账、分类账、试算、调整等会计程序后，以特定日期的静态情况为基准，浓缩成一张报表。报表可让所有阅读者于最短时间了解投资经营状况。

用利润表清点投资成果

要点导读

利润表是指反映在一定会计期间的经营成果的报表。利润表依据"收入－费用＝利润"来编制，主要反映一定时期内的营业收入减去营业支出之后的净收益。便于会计报表使用者判断未来的发展趋势，做出经济决策。

实战解析

利润表一般有表首、正表两部分。其中，表首说明报表名称编制单位、编制日期、报表编号、货币名称、计量单位等；正表是利润表的主体，反映形成经营成果的各个项目和计算过程，所以，曾经将这张表称为损益计算书。

通常，利润表主要反映这样几个方面的内容。

（1）构成主营业务利润的各项要素

从主营业务收入出发，减去为取得主营业务收入而发生的相关费用、税金后得出主营业务利润。

（2）构成营业利润的各项要素

营业利润在主营业务利润的基础上，加其他业务利润，减营业费用、管理费用、财务费用后得出。

（3）构成利润总额（或亏损总额）的各项要素

利润总额（或亏损总额）在营业利润的基础上加（减）投资收益

（损失）、补贴收入、营业外收支后得出。

（4）构成净利润（或净亏损）的各项要素

净利润（或净亏损）在利润总额（或亏损总额）的基础上，减去本期计入损益的所得税费用后得出。

理财箴言

在利润表中，通常按各项收入、费用以及构成利润的各个项目分类分项列示。也就是说，收入按其重要性进行列示，主要包括主营业务收入、其他业务收入、投资收益、补贴收入、营业外收入；费用按其性质进行列示主要包括主营业务成本、主营业务税金及附加、营业费用管理费用、财务费用、其他业务支出营业外支出、所得税等；利润按营业利润、利润总额和净利润等利润的构成分类分项列示。

现金流量表昭示资产"活力"

要点导读

在现代理财环境中，现金流量表分析对信息使用者来说显得更为重要。这是因为现金流量表可以清楚反映出创造净现金流量的能力，更为清晰地揭示资产的流动性和财务状况。

实战解析

现金流量表是反映在一定期间现金和现金等价物流入和流出的报表。对现金流量表进行分析时，分析现金流量结构十分重要，总量相同的现金流量在经营活动、投资活动、筹资活动之间分布不同，则意味着不同的财务状况，如表2-1所示的几种情况。

表2-1　从流量看企业生命周期

项目	具体内容
产品初创期	经营活动现金净流量为负数 投资活动现金净流量为负数 筹资活动现金净流量为正数 这个阶段需要投入大量资金，形成生产能力，开拓市场，其资金来源只有举债、融资等筹资活动
高速发展期	经营活动现金净流量为正数 投资活动现金净流量为负数 筹资活动现金净流量为正数
产品进入成熟期	经营活动现金净流量为正数 投资活动现金净流量为正数 筹资活动现金净流量为负数
衰退期	经营活动现金净流量为负数 投资活动现金净流量为正数 筹资活动现金净流量为负数

💬 **理财箴言**

另外，从现金及现金等价物净增加额的增减趋势，可以分析被投资单位未来短时间内潜藏的风险因素。其为负值时可能是：①经营正常、投资和筹资亦无大的起伏波动；②出现负增长时，现金流量内部结构呈现的升降规律与生命周期相同，可比照预测被投资单位的风险程度。

读懂经济指标1：利率

📋 **要点导读**

中国人民银行根据货币政策实施的需要，适时地运用利率工具，对利率水平和利率结构进行调整，进而影响社会资金供求状况，实现货币政策的既定目标。如果投资者认为投资的利率弹性较大，则倾向于利率政策的有效论；而如果认为投资的利率弹性较小，则倾向于利率政策的无效论。因此，利率政策的有效与无效，在很大程度上取决于投资者的利率敏感度，也就是说，决定于投资的利率弹性的大小。

实战解析

近年来，利率调整逐年频繁，利率调控方式更为灵活，调控机制日趋完善。随着利率市场化改革的逐步推进。利率作为重要的经济杠杆，在国家宏观调控体系中将发挥更加重要的作用。目前，中国人民银行采用的利率工具主要有：调整中央银行基准利率；调整金融机构法定存贷款利率；制定金融机构存贷款利率的浮动范围；制定相关政策对各类利率结构和档次进行调整等；其中，中央银行基准利率主要包括如表2-2所示的几个部分。

表2-2 中央银行基准利率一览表

项目	分析
再贷款利率	指中国人民银行向金融机构发放再贷款所采用的利率
再贴现利率	指金融机构将所持有的已贴现票据向中国人民银行办理再贴现所采用的利率
存款准备金利率	指中国人民银行对金融机构交存的法定存款准备金支付的利率
超额存款准备金利率	指中央银行对金融机构交存准备金中超过法定存款准备金水平部分支付的利率

利率通常由纯利率、通货膨胀补偿率和风险收益率三部分构成。利率的一般计算公式可表示如下：

利率=纯利率+通货膨胀补偿率+风险收益率

（1）纯利率是指没有风险和通货膨胀情况下的均衡点利率；

（2）通货膨胀补偿率是指由于持续的通货膨胀会不断降低货币的实际购买力，为补偿其购买力损失而要求提高的利率；

（3）风险收益率包括违约风险收益率、流动性风险收益率和期限风险收益率。

其中，违约风险收益率是指为了弥补因债务人无法按时还本付息而带来的风险，由债权人要求提高的利率；流动性风险收益率是指为了弥补因债务人流动不好而带来的风险，由债权人要求提高的利率；期限风险收益率是指为了弥补因偿债期长而带来的风险，由债权人要求提高的利率。

💬 理财箴言

不同的投资项目对于预期利率变化的反应是不同的，因此，在市场利率不断变动的情况下，应该进行长、短期投资项目的更换。在预期利率下降时，就要使投资组合的平均期限长期化；反之，在预期利率上升时，就要使投资组合的平均期限短期化。只有根据利率的波动趋势不断变换投资项目的期限种类，才是最佳投资选择。

读懂经济指标2：存款准备金率

📑 要点导读

存款准备金是指金融机构为保证客户提取存款和资金清算需要而准备的在中央银行的存款，中央银行要求的存款准备金占其存款总额的比例就是存款准备金率。存款准备金率确定后具有不可争议性，所有吸收存款业务的金融机构必须无条件执行，与法律制度具有同等效力。

💳 实战解析

存款准备金率所占的这一部分资金是一个风险准备金，是不能够用于发放贷款的。这个比例越高，执行的紧缩政策力度越大。存款准备金率的变化也会对商业银行产生影响，当中央银行提高法定准备金率时，商业银行可提供放款及创造信用的能力就下降。因为准备金率提高，货币乘数就变小，从而降低了整个商业银行体系创造信用、扩大信用规模的能力，其结果是社会的银根偏紧，货币供应量减少，利息率提高，投资及社会支出都相应缩减。反之，亦然。

随着金融制度的发展，存款准备金逐步演变为重要的货币政策工具。存款准备金率上升，利率会有上升压力，这是实行紧缩的货币政策的信号。存款准备金率是针对银行等金融机构的，对最终客户的影响是间接的；利率是针对最终客户的，比如存款的利息，影响是直接的。存款准备金率的下调与利率下调如出一辙，也是资金和信贷扩张的标志，这对于股票市场来讲，当然是利好。从利好作用的角度来讲，受惠最大的应是金融股。这是因为存款准备金率变动对金融机构经营的影响最直接最明显，集中表现在金融机构放款能力的变化，进而影响金融机构的经营利润增加，调低幅度越大，金融机构通过扩大放款增加利润收入亦越多；当调高准备金率时，金融机构由于放款能力的缩减而相对减少利润收入。

随着金融制度的发展，存款准备金逐步演变为重要的货币政策工具。当中央银行降低存款准备金率时，金融机构可用于贷款的资金增加，社会的贷款总量和货币供应量也相应增加；反之，社会的贷款总量和货币供应量将相应减少。

💬 理财箴言

当前，由于流动性过剩等诸多矛盾的存在，中国经济中已存在资产价格增长过高，股票市场火热，物价上涨存在压力等现象，央行出台的组合政策能有效缓解这些矛盾问题，也能深层次地引导百姓的理财行为。

读懂经济指标3：GDP

📃 要点导读

国内生产总值(GDP)是衡量整个经济活动最广泛的标准，其包含经济的各个领域。它代表着在这个时期本国的

> 整个生产总值，由国内生产货物的购买和个体、企业、外国人和政府实体提供的服务组成。

实战解析

GDP是衡量经济活动完美的标准。投资者需要密切跟踪经济，因为它通常反映投资活动的表现。一国的GDP大幅增长，反映出该国经济发展蓬勃，国民收入增加，消费能力也随之增强。股票市场喜欢看到经济健康增长，因为公司将获得更高的利润。债券市场不在乎经济增长，相反倒是对经济是否增长过快，是否为通货膨胀铺平道路十分敏感。

在GDP大幅增长的时候，国家中央银行将有可能提高利率，紧缩货币供应，国家经济表现良好及利率的上升会增加该国货币的吸引力。当GDP出现负增长的时候，显示该国经济处于衰退状态，消费能力减低。这时，国家中央银行将可能进行减息以刺激经济再度增长，利率下降加上经济表现不振，该国货币的吸引力也就随之降低了。因此，投资者跟踪像GDP等的经济数据，就会了解这些市场和投资组合的市场经济大背景。

GDP报告包含了珍贵的信息资料，其不仅描绘了整个经济形象，而且还告诉投资者整体经济的重要走势。国内生产总值的组成成分，如消费者支出、商业和住宅投资以及物价(通货膨胀)指数阐明了经济暗流，其将转变为投资机遇和投资组合管理指南。国内生产总值通常用来跟去年同期作比较，如有增加，就代表经济较快，有利于其货币升值；如减少，则表示经济放缓，其货币便有贬值的压力。

理财箴言

当国内生产总值潜力增长快(慢)时，债券价格下跌(上涨)。健康的GDP增长通常转变为良好的企业盈利，进而利好股票市场。净出口对总的国内生产总值来说是一种阻碍，因为美国进口经常大于出口，也就是说，净出口出现赤字。当净出口赤字变小时，GDP值就会变大。相反，当赤字大幅度增加时，其从GDP减去的数字更大。

读懂经济指标4：CPI

要点导读

消费者物价指数(CPI)，是反映与居民生活有关的商品及劳务价格统计出来的物价变动指标，通常作为观察通货膨胀水平的重要指标。CPI不仅是一个很重要的宏观经济数据，其实对个人理财的影响也非常大，投资者应该跟着CPI进行投资。

实战解析

CPI对投资者的影响体现在：（1）CPI直接关系到货币的购买力；（2）CPI数据将影响到国家的货币政策和财政政策等宏观经济调控的方向进而影响到投资市场的走势。

以房产和黄金等抗通胀的物产的价格趋势和CPI趋势之间的关系作比较。从长期来看房产是对抗通胀最有效的资产，换句话说房产的价格是随着通货膨胀而上升的，但这只在一个长期的时间跨度上才能够显现出来。黄金有很强的货币特征使得黄金的价格涨幅远低于通胀。黄金的货币性使得黄金这一金属的价格超出了它实际的价值，过去几十年中，黄金的货币功能在逐渐淡化，也就是所说的黄金的去货币化现象，正是这一现象使得黄金价格的涨幅远低于一般商品的涨幅。

投资的时候一定要跟着CPI走，这样才能最大限度地获取投资的利益。

理财箴言

一般说，当CPI>3%的增幅时称为通货膨胀；而当CPI>5%的增幅时，我们把它称为严重的通货膨胀。如果在过去12个月，消费者物价指数上升2.3%，那表示，生活成本比12个月前平均上升2.3%。当生活成本提高，金钱价值便随之下降。也就是说，一年前收到的一张100元纸币，今日只可以买到价值97.75元的货品及服务。

读懂经济指标5：货币供应量

📋 要点导读

货币供应量，是指一国在某一时期内为社会经济运转服务的货币存量，它由包括中央银行在内的金融机构供应的存款货币和现金货币两部分构成。

📠 实战解析

货币有三大指标分别是M_0、M_1、M_2。M_0：流通中现金，即在银行体系以外流通的现金。M_1：狭义货币供应量，即M_0＋企事业单位活期存款。M_2：广义货币供应量，即M_1＋企事业单位定期存款＋居民储蓄存款。目前，随着银行卡等的普及，M_0已经没有多大意义，M_2包括很大一块定期存款。一般来说，做股票的人很少存定期。对股市来说，M_1即流通中现金加上活期存款最为重要。也就是说狭义上的货币供应量最为重要，这是因为首先，M_1由流通中货币和企业活期存款构成，代表了经济体中的高流动性货币，这部分货币的最大特征就是能够迅速地完成投资和变现。其次，M_1同比作为宏观经济指标中的货币指标，同大多数宏观经济指标一样，具备两个特征：周期性和趋势性。这种周期性为研判M_1的长期走势提供了可信的基础。趋势性源于宏观经济本身的复杂性和庞大性，也就是说宏观经济一旦形成趋势，在短期内很难逆转，这就避免了资本市场频繁的短期异动对预测股指的干扰。

💬 **理财箴言**

对于长线投资者而言，当判断M_1同比增速将处于下降趋势时应当及时将资金从股市撤出，当判M_1同比增速将处于上升趋势时应当大胆地进行战略性建仓。M_2高$M_1$5%以上，见底，牛市成立；M_1高$M_2$5%以上，见顶，熊市成立。

读懂经济指标6：汇率

📋 **要点导读**

> 汇率又称汇价或外汇行市，是以一国货币兑换另一国货币的比率，汇率作为一项重要的经济杠杆，其变动能反作用于经济，因此，个人在进行投资的时候一定要注意汇率问题，汇率对投资的调节作用是通过影响进出口、物价、资本流动等实现的。

💳 **实战解析**

汇率从以下几个方面起作用影响投资。

1. 汇率与进出口关系

一般来说，汇率通过进出口影响投资，本币汇率下降，即本币对外的币值贬低，能起到促进出口、抑制进口的作用；在货币对内购买力不变，而对外汇率贬值时，该国出口商品所得的外汇收入，按新汇率折算要比按原汇率折算获得更多的本国货币，出口商可以从汇率贬值中得到额外利润，出口需求增大，进而刺激投资的增加。

2. 汇率与物价的关系

汇率变化可以通过物价影响投资，汇率变动影响进出口的同时，也对物价发生影响。从进口消费品和原材料来看，汇率的下降要引起进口商品在国内的价格上涨，使国内生产的消费品和原材料需求上升，这会刺激国内投资；反之，汇率升值，则会起到抑制进口商品的物价的作用，使国内投资相对减少。反之，本币升值，其他条件不变，进口商品的价格有可能降低，从而可以起到抑制物价总水平的作用。

3. 汇率与资本流出流入的关系

汇率通过资本流出流入而影响投资行为，由于国际经济一体化的加深，国内的投资活动往往不能从国内储蓄得到满足，而必须依赖于国际资本的投入。汇率变动对长期资本的流动影响较小，短期资本流动常常受到汇率的较大影响。当存在本币对外币贬值的趋势下，本国投资者和外国投资者就不愿意持有以本币计值的各种金融资产，并会将其转兑成外汇，发生资本外流现象。

💬 **理财箴言**

投资者进行个人实盘外汇买卖是以赚取汇差为目的的，成功地预测汇率走势是问题的关键。分析汇率的方法主要有两种：（1）基础分析是对影响外汇汇率的基本因素进行分析，基本因素主要包括各国经济发展水平与状况，世界、地区与各国政治情况，市场预期等；（2）技术分析是借助心理学、统计学等学科的研究方法和手段，通过对以往汇率的研究，预测出汇率的未来走势。

个人收入与支出

📋 **要点导读**

> 个人收入是指个人从各种来源得到的收入，这是个人支出的来源。个人支出包括消费者对耐用品、非耐用品以及服务的购买。

💳 **实战解析**

个人收入与支出指标可以很好地解析消费者的消费热情的变化。持续可靠的收入是消费支出的基础，只要收入健康快速地增长，支出也不会落后；如果收入增长缓慢，消费者可能降低消费热情。

政府个人收入和支出报告一般分为三个部分：个人收入、支出和储蓄。具体如表2-3所示。

表2-3 政府个人收入与支出报告内容样表

项目	分析
个人收入	主要来源有工资、自营收入、租金、股票红利、利息收入、转移支付和其他劳动收入(通过出售股票、债券和不动产得到的收入被排除在外) 将个人收入扣除个人所得税和非税支付后可得到个人可支配收入 对通货膨胀做出调整后可得到实际个人可支配收入，实际个人可支配收入的变化对未来的消费者消费情绪有一定的预示作用
个人支出	家庭消费的项目大致可以分为三类：耐用品、非耐用品和服务 实际个人消费支出简称为PCE，PCE物价指数考虑到替代的可能性，计算出来的通货膨胀率一般比CPI要低 家庭财富变化在决定消费者支出行为方面起着举足轻重的作用，当家庭的金融和不动产投资在增值时，家庭就会增加支出，这种现象称之为财富效应
储蓄	储蓄是支付商品、服务、信用卡和贷款利息之后的剩余 从可支配收入中减掉每月的所有支出，剩下的部分就是储蓄 通常的储蓄形式有存款、定期存款、货币市场账户、股票和债券市场

收入与消费增加（减少）将导致债券价格下跌（回升）。只要支出没有导致通货膨胀，股票市场就会得利，因为更大的支出刺激公司利润。但个人收入和支出数据的公布一般对金融市场影响非常有限。主要原因是该数据的公布时间一般是在报告相关月份结束4～5周后。由于公布日期过于迟滞，金融市场对该指标的公布一般反应冷淡。金融市场人士更多是注重每月初发布的零售情况。个人收入变化表明消费支出的变化。比较这些变化，即可说明家庭消费是否"透支"、是否需要放慢支出速度或减少支出、是否具有加速采购的潜力。

💬 **理财箴言**

消费（支出）部分更是与经济有直接的关系，因为我们知道这将反映出市场的健康状况。消费支出占经济的2/3，因此，如果你知道消费者能做什么，你就会完全控制经济的发展状况。

通货膨胀时期的投资策略

📃 要点导读

> 　　在通货膨胀条件下，投资者应该考虑具有抗通胀的理财投资产品房产和黄金。此外，股票（包括基金）债券和商品中有不少品种可以有效抵御通胀对资产的侵蚀。

💳 实战解析

抗通膨的理财产品很多，如表2-4所示。

表2-4 抗通胀理财产品一览表

产品	解析
股票抓上游行业	原材料价格上涨的时候，下游公司的股票通常表现不好，通常很难直接提高产品价格，也往往只能选择压缩利润，默默忍受原材料价格的上涨。而上游公司则不同，在通胀的年份里，原材料企业，石油企业或者石油钻探公司，往往表现不错 除了国内A股市场的相关股票外，投资者也可以考虑海外市场的矿业基金，如贝莱德世界矿业基金等，这类基金投资于全球的矿业类公司，相当契合抗通胀的主题
商品最直接受益	商品投资也是非常好的抗通胀方法 经济持续回升正在提振原材料的需求，同时全球矿业公司，原材料生产商在衰退时期的成本削减举措限制了供应量，大宗商品至少从目前来看，是跟踪通胀最好的工具之一 最近这两年走俏的商品基金为投资者提供了很好的机会 商品指数基金，这是近年来随全球商品期货市场的繁荣而发展起来的一个新型基金品种，比较易于投资者理解和管理 黄金、白金ETF产品也是近两年来的热门品种 随着中国和印度等国的需求增长，大宗商品的长期前景有望随之向好 不过需要注意的是美元走势，由于大宗商品是以美元计价的，美元走软会导致其他货币定价的大宗商品价格下滑

续表

产品	解析
通胀挂钩债券	目前，在香港市场的商品指数基金有多种选择，比如巴克莱•商品大王指数基金，主要追踪罗杰斯国际商品指数（RICI），主要涵盖36个品种，包括能源、金属和农产品三大类 领先商品（ETF）也是不错的选择，这只基金主要追踪路透-CRB指数，同时ETF产品交易手续也相当便利 在成熟市场，通常还有一种债券产品可以有效抵御通胀，就是通胀挂钩债券 此类债券的最大优点是确保投资者可享实质回报，免被通胀削弱资金购买力 最常见的通胀挂钩债券（TIPS）是由美国财政部发行，基本上没有违约风险 这种债券与量度通胀的消费物价指数（CPI）挂钩，意即当CPI上升时，其本金及派息会随通胀变动，确保投资者的购买力不被通胀蚕食 在正常的通胀环境下，TIPS的利息率较普通国债的利息率低，因为其本金随通胀上升，弥补派息之不足 这种券种可以帮助投资者跟上通胀的步伐，但在很多情况下，未必能跑赢其他种类债券

理财箴言

结构性投资可以帮助投资者在现金与实物之间找到平衡。当市场满足一定条件时，可以设计出一些期限较短、保证本金和部分收益的产品，其收益与实物资产挂钩。

通货紧缩时期的投资策略

要点导读

通货紧缩是指价格和成本正在普遍下降。通缩情况下，资产趋向贬值，反过来货币的购买能力加强。在此情况下，进行投资的难度非常大。

实战解析

在紧缩来临的情况下，投资理财应以"现金为王"为主。通缩时期持有现金无疑是一种最好的选择，随着物价的下跌，货币本身的购买力自然上升。除了持有现金之外，投资者并不是没有任何的活动余地，投资者还可以选择如表2-5所示的理财产品。

表2-5　通缩适合投资的理财产品一览表

产品	分析
货币类理财产品	短期产品也可以选择市场中各金融机构销售的货币类理财产品 这类产品主要为有短期闲置资金的投资者提供了个性化的流动性安排 投资该产品的客户不仅可以以现金形式天天分红，而且投资本金稳健、具有较强的流动性
固定收益类产品	如果手头有长期不用的资金，在中长期产品中，市民应首选固定收益类产品，以便锁定收益 目前，一方面债市收益率已经大幅走低，收益空间已经大幅压缩，另一方面，春节前后，股市逐渐向好，基金、保险等机构资金从债市大举撤出，转战股市以博取更大的收益
债券投资为主打的资产集合理财计划	债券资产集合理财计划类产品在今年以来的收益却始终为正，由于未来债市继续下降的空间已经十分有限，因此，建议稳健的投资者在未来1～3年可将一部分资金投向债券资产集合理财 通缩对这类产品影响较小，由于该类产品可参与打新股（IPO的重起）、打新债（上市企业公司债等）、积极参与高等级公司债，既可以获得债券的利息收入又可获得打新的价差收入 即使在低利率及通缩的阴影下，该类产品也可有较好的收益

💬 **理财箴言**

由于在通货紧缩情况下，国家通常会采取宽松性的货币政策，因此，降息预期将导致信贷类理财产品收益下降，反之，包括现金、货币等许多固定收益类产品将显现供不应求的态势。

第三章 银行储蓄：最稳健的以钱生钱模式

银行提供哪些服务

要点导读

> 现在大街小巷都是银行，那么银行到底能够为我们做些什么呢？银行的业务一般分为对公业务和个人业务。对公业务是指针对企事业单位而做的业务，对一般人而言，主要还是要了解银行能为个人提供什么服务。

实战解析

银行运营虽然有其经济目的，但是我们并不能仅仅就从经济利益方面来定位银行的职能，银行还具有社会职能。银行是市场经济环境下配置资源与社会财富的最重要工具之一。银行对个人服务的业务包括如下几项。

1. 储蓄业务

对于商业银行而言，储蓄业务是它的主要资金来源。可以说，没有这个存款业务，银行就无法提供贷款。银行为个人提供的储蓄业务有许多品种，其中有活期存款、定期存款、储蓄存款。因此，在办理储蓄业务时，要根据我们自己对资金使用的时间、利率等不同要求，做不同的选择。

2. 贷款业务

个人贷款业务主要指个人消费者信贷，即银行以货币形式或契约形式向消费者提供的用于购买商品或劳务的贷款和信用。

3．结算业务

结算业务又称货币清算，它是由商品交易、劳务供应、资金调拨以及其他款项往来等而发生的货币收付行为和债务的清算。银行结算又分为现金结算和转账结算两种方式。

4．银行卡业务

银行卡是由商业银行向社会发行的具有消费信用、转账结算、存取现金等全部或部分功能的信用支付工具。

5．代理业务

代理业务是商业银行作为金融中介机构的一项重要的中间业务，是指银行接受客户委托利用自身的经营职能和先进的计算机网络，代其他结构或个人所办理的各种与金融服务有关的业务。

💬 **理财箴言**

银行作为一种金融工具，除了具有上面所说的几种主要的业务之外，在日常的生活过程中，银行还可以为我们做许多事，而且在未来，银行还将会给我们提供更多、更好的服务。

活期、定期、通知存款

📋 **要点导读**

活期存款，指那些可以由存户随时存取的存款。定期存款，指那些具有确定的到期期限才能提取的存款。个人通知存款是一种不约定存期、支取时需提前通知银行、约定支取日期和金额方能支取的存款。

💳 **实战解析**

1．活期存款

活期存款是一种无须任何事先通知，存款户即可随时存取和转让的银行存款。该类存款具有这样几个特点：

（1）存取频繁，手续复杂，成本较高；

（2）不限存期，凭银行卡或存折及预留密码可在银行营业时间内通过柜面或通过银行自助设备随时存取现金；

（3）人民币活期存款1元起存，外币活期存款起存金额为不低于人民币20元的等值外汇；

（4）凭银行卡可在全国银行网点和自助设备上存取人民币现金，预留密码的存折可在同城银行网点存取现金。同城也可办理无卡（折）的续存业务；

（5）可随用随取，资金流动性强；

（6）可将活期存款账户设置为缴费账户，由银行自动代缴各种日常费用。

2. 定期存款

存款后的一个规定日期才能提取款项或者必须在准备提款前若干天通知银行的一种存款方式。期限可以从3个月到5年不等。一般来说存款期限越长，利率越高。若临时需要资金可办理提前支取或部分提前支取。

3. 个人通知存款

个人通知存款按存款人提前通知的期限长短分为一天通知存款和七天通知存款两个品种。一天通知存款必须提前一天通知约定支取存款，七天通知存款则必须提前七天通知约定支取存款。

人民币通知存款最低起存、最低支取和最低留存金额均为5万元，外币最低起存金额为1000美元等值外币（各省具体起存金额请向当地分行咨询）。

💬 **理财箴言**

个人可根据自身情况选择存款类型。

合理选择储蓄方式

要点导读

> 储蓄作为一种最常见的理财方式，也就是钱也能生钱的最保险的方式，是普通人积累资金的一种最好的选择。

实战解析

储蓄也可以分成不同的储蓄方式，不同的储蓄方式可以储蓄不同用途的钱。

1. 随时要花的钱，活期储蓄

每个家庭每月都要有一些零花钱及一些最近购买生活用品的钱，那么是不是拿到工资以后必须要如数留在手头，以备花销。完全没有这个必要，这样不利于生钱，也容易养成大手大脚花钱的习惯。其实完全可以留出一小部分零花钱，然后将其余的部分存为活期储蓄，随用随取，生利、方便兼而有之。活期存款超过一定数额时，最好转入定期储蓄，这样可以增加利息收入，提高货币增值速度。

2. 短期内不花的钱，选择定期储蓄

除了随时要花费的零花钱之外，家家都还有一些近期费用，这是为了在一定时期内用于特定消费的钱。比如购买洗衣机、照相机、青年筹办婚事及个人经营周转金等，这些钱可以选择整存整取方式储蓄。这种储蓄10元起存，多存不限，期限相对适应的有3个月、6个月、1年、2年、3年和5年几种。

除此之外，对于分期的固定收入比如工资结余、奖金或是提存的未来子女费用等，可以考虑零存整取方式。这种储蓄1元起存，多存不限，并可以采取固定存额和不固定存额两种方式。

理财箴言

储蓄较其他投资工具而言，不仅具有获利性，而且更具有变现性和安全性的特点，操作起来简便容易。一般可以将短期内不用的钱和随时可用的钱进行储蓄。

利息收入最大化的高招

要点导读

> 储蓄不是简单地将钱存在银行，选择一下存储形式和期限就完事的。在银行利率如此低的今天，如果能够掌握一些储蓄技巧也能够能使存钱利息变高。

实战解析

在人们了解股票、基金、理财等概念之后，往往会忽视了储蓄的存在。其实储蓄才是所有投资理财的基础，只有建立一个良好的储蓄习惯才能有助于更好地进行其他方面的投资理财。在时下相对低利率的时代，投资者可以通过下面几个方面的储蓄技巧提高利率。如表3-1所示。

表3-1 储蓄利息更高技巧一览表

技巧	分析
交替储蓄	有5万元的现金，平均分成两份，每份2.5万元，然后分别将其存成半年和一年的定期存款。半年后，将到期的半年期存款改存成一年期的存款，并将两张一年期的存单都设定成为自动转存。这样交替储蓄，循环周期为半年，每半年你就会有一张一年期的存款到期可取，这样也可以让自己有钱应备急用 假如手中的闲钱较多，而且一年之内没有什么用处的话，交替储蓄法则会比较适合
利息滚利储蓄	有一笔额度较大的闲置资金，将这笔钱存成存本取息的储蓄，在一个月后，取出这笔存款第一个月的利息，然后再开设一个零存整取的储蓄账户把所取出来的利息存到里面，以后每个月固定把第一个账户中产生的利息取出存入零存整取账户，这样不仅存本取息储蓄得到了利息，而且其利息在参加零存整取储蓄后又取得了利息 即使选择较低风险的储蓄，也要尽可能让每一分钱都滚动起来，包括利息在内，尽可能让自己的收益达到最大的程度

续表

技巧	分析
分份储蓄	有1万块现金，分成不同额度的4份，分别是1000元、2000元、3000元、4000元，然后将这4张存单都存成一年期的定期存款 　一年之内不管什么时候需要用钱的时候，都可以取出和所需数额接近的那张存单，这样既能满足用钱需求，也能最大限度得到利息收入 　这种方法适用于在一年之内有用钱预期，但不确定何时使用、一次用多少的小额度闲置资金 　用分份储蓄法不仅利息会比存活期储蓄高很多，而且在用钱的时候也能以最小的损失取出所需的资金
台阶储蓄	手中有5万元现金，平均分成5份，用1万元开设一个一年期的存单，用1万元开设一个两年期的存单，用1万元开设一个三年期的存单，用1万元开设一个四年期的存单，用1万元开设一个五年的存单，这里要注意一下，四年期的存单可以选择三年期加一年期的方法进行存储 　这样的储蓄方法可使存单到期额度保持等量平衡，具有非常强的计划性 　此方式较适合生活支出有规律的家庭，储蓄期限的长短结合能让资金照顾到你不同时期的使用，让你的生活井井有条
接力储蓄	每个月会固定存入银行2000元的活期存款，可选择将这2000元存成3个月的定期，在之后的两个月中，继续坚持每月一笔2000元的定期存款，这样一来，在第四个月的时候，第一个定期存款就会到期，此后每个月都会有一笔3个月的定期存款到期供支取 　这种储蓄方式不仅不会影响日常的用钱需求，还能取得比活期储蓄更高的利息收入 　和交替储蓄法则比较相似，操作更为灵活，应该是完全能够代替日常活期储蓄的一种定期储蓄方法

💬 **理财箴言**

要想获得尽可能高的存款利息，在掌握上表所列的储蓄技巧之外，投资者还要注意以下几点：

（1）较有规律的，金额也基本确定短期定存数额以维持半年左右的日常开支为佳；

（2）近期用钱，又确定不了日期，定活两便或通知存款可随时支取，利息也高于活期；

（3）长时间不动整存整取金额和未来所需支出匹配，否则提前支取会损失利息；

（4）子女教育储蓄实为零存整取，利息也按同档次整存整取利率计息。

让活期储蓄翻倍的技巧

📄 **要点导读**

> 只要用心没有做不成的事，总是有很多方法的，说起活期储蓄也是这样的，目前有多种理财方式可以很好地打理活期存款，年利息收入最多差6倍。

📖 **实战解析**

让活期储蓄利息翻倍的理财妙招有如下几种。

1. 理财卡约定转存策略

理财卡约定转存是指持卡人可以设定一个转存点，让资金在定期账户和活期账户间自动划转。

一般情况下，月收入5000元左右，除去日常的消费，每月都能剩下数千元，目前已累计有5万多元的活期存款。按照目前0.36%的活期利率，一年到头只有100多元的利息收入。

如果按照理财卡约定转存方式打理工资卡，一年后会得900元左右利息，是活期存款所得利息的4倍多。

2. 通知存款一户通策略

通知存款一户通，就只有七天通知存款这一种形式，利息为1.35%，凡是存入七天（含）以上的存款，均进行自动转存，按七天通知存款利率结计利息，并将实际所得利息转入本金。通知存款一户通必须在账户内有5万元（含）以上时才能办理。

还是上面的那个例子，如果选择的是通知存款一户通，那存一年会得到700元左右的利息，是活期存款所得利息的3倍多。

3. 整存+零存整取

零存整取是每月固定存额，一般5元起存，存期分一年、三年、五年，存款金额由储户自定，每月存入一次，到期支取本息，其利息计算方法与整存整取定期储蓄存款计息方法一致。坚持下来，比活期收益高多了。

💬 **理财箴言**

储蓄存款也是有妙招的，这就要求理财者要多多关注银行的储蓄利率变化情况和银行的财政政策，找出最适合自己的妙招。

定期存款也能提前支取

📋 **要点导读**

> 提前支取定期存款，损失是不可避免的，但你可以运用一些技巧使利息损失减少到最低。

💳 **实战解析**

在定期储蓄中，经常会由于各种原因需提前支取存款，但是根据规定，提前支取部分按活期利率计息，这办法不仅会造成很大的利息损失，而且一般银行只允许办理一次，办第二次就"不灵"了。怎么办呢？有什么好办法既可以解用款燃眉之急又可以将利息损失降至最低呢？可参考以下办法。

1. 存单四分存储法

假设A先生有1万元现金，在一年之内可能有急用，但每次用钱的具体金额、时间不能确定，而且还想既让钱获取"高利"，又不因一次用款便动用全部存款，这种情况下，A先生就可以用这招了。

A先生可以选择存单四分法，即把1万元存单存成四张存单，但金额要一个比一个大，比如可以存成1000元、2000元、3000元和4000元各一张，当然也可以把1万元存成更多的存单，期限均选择一年期。

这样一来，需要多少钱就动用金额最接近的一张或两张存单，假如有1000元需要周转，只要动用1000元的存单便可以了，避免了需要1000元，也要动用"大"存单，减少了不必要的损失。

49

2. 交替存储法

B女士持有5万元现金，可以将5万元分为两份，每份为2.5万元，分别按半年、1年的存期存入银行，1年期存款设为自动转存。

若在半年期存款到期后，有急用便取出，若用不着，则也转为1年期定期存款，并设立自动转存功能。这样两笔存款的循环时间为半年，若半年后有急用，可以取出任何一张存单。在适当时候也可根据需要，使用定期储蓄存款部分提前支取功能，这样一来，存款便不会全部按活期储蓄存款计算利息，从而避免了损失掉不应该损失的利息。

理财箴言

除了以上两种办法外，如果你需要提前支取定期存款，尤其是那些存款时间比较长的存单，还可采用"存单抵押贷款"来解决急用资金问题，可相应减少损失。

善用银行卡理财

要点导读

存钱、取钱，是目前人们对银行卡的普遍认识，事实上，在持卡消费过程中，它也可以成为你理财的好帮手，用得好可以省钱，甚至还能够生钱。

实战解析

通过银行卡消费，银行提供的透支免息期能在一定程度上盘活持卡人的流动资金。刷卡消费还能累计消费积分，每到年底，都可根据积分换取礼品。积分越多，所能换取的礼物价值也就越高。有的银行直接按消费积分返回现金，存入持卡人的银行卡中。这样看来，刷卡消费1元钱的价值要大于现金消费1元钱的价值。在重大节假日期间更要刷卡消费，同样的消费就能得到更多的消费积分。

目前，"一卡多账户"功能可以在同一张银行卡下设立不同的账户：活期、三个月定期、半年定期、一年定期、三年定期等。在银行的柜台上一次开办"一卡多账户"业务后，你就可以在家中或是办公室里通过电话银行或者网上银行，把自己的钱"搬来搬去"了。

"一卡多币种"是和"一卡多账户"类似的一项银行卡服务，在同一张银行卡下拥有美元、欧元、港币、日元等多个不同币种的账户。还有的银行将"一卡多账户"和"一卡多币种"的服务进行了"打包"服务，就是说，在同一张银行卡下拥有多个币种、不同储种（活期、不同时间的定期）的账户。

只需要在银行设定不同存款比例，银行就会自动为你将资金"搬运"到不同的存款账户里。在必要的时候，还可以在活期和定期之间灵活调度资金，让你既享受到活期的便利，又不失去定期的收益。

目前的银行卡内"定活理财"主要有定好活期存款的数额，其余的资金都划转到定期账户中去，定期究竟"定"多久自己选择和设定好定期存款的数额，其余的资金则划转到活期账户里。还可以根据自己的收入和支出的特点，选择相应的"定活理财"服务，设定好活期账户或是定期账户的账面保持额度，让银行卡内的资金灵活和收益两不误。

根据银行卡的种类不同，投资者可以合理搭配使用，最大限度地发挥银行卡的功效。借记卡的理财功能如同上述所提到的打理日常烦琐事务，既安全可靠，又节省时间。信用卡因刷卡方便、消费可透支而获得了人们的青睐。

💬 **理财箴言**

随着消费功能的不断拓展，银行卡已成为百姓日常生活理财中不可或缺的工具。其实，理财概念存在于生活中的每一天，只要物尽其用，小小的银行卡同样可以达到合理理财的效果。

使用信用卡有利有弊

📋 **要点导读**

> 信用卡使用起来很方便，使用得当，它可以救急，提供便利的资金周转；它可以套利，发现收益率更高的市场机会。但如使用不当，轻易就会让家增添大量可有可无、分期付款的电子玩意；交纳数额不菲的滞纳金和循环利息；每月疲于还债；最后，还会登上信用黑名单。

💳 **实战解析**

1. 信用卡不仅仅是消费卡；
2. 租车不交押金；
3. 信用卡循环额度的利用；
4. 里程积累换机票；
5. 充分利用免息期限；
6. 没有VIP卡照样享受特价；
7. 免息分期付款服务；
8. 跻身高端俱乐部。

💬 **理财箴言**

在决定使用信用卡之前，应该弄清楚的是，信用卡是昂贵的透支工具。信用卡带来种种便利，但这并不意味着信用卡就是免费的午餐，带来便利的同时，也可能因疏忽而带来损失。对于取现或者超过免息还款期的信用卡透支额来说，万分之五的日息、5%的每月滞纳金、各种手续费以及利上加利、罚上加罚的成本可能会非常之高。

选择理财产品七大招

要点导读

> 银行理财产品一面市，就以收益高、流动性好、风险低的优点而受到广大投资者的热烈追捧，面对不断推陈出新的各种银行理财产品，投资者难免有点眼花缭乱。

实战解析

投资者应该综合考虑各种产品的流动性、风险性和收益性，根据自身需求选择最适合自己的产品，一般来说，主要应从以下几方面考虑：

1. 在网上进行风险测评；
2. 考虑预期收益情况；
3. "理财"在起息日之前；
4. 关注产品终止权；
5. 选择服务质量好的银行；
6. 看收益更看是否稳妥；
7. 知晓风险。

理财箴言

作为一种金融创新，银行理财产品有别于存款，它是在银行间市场销售的债券和票据产品通过打包后，转售给个人投资者，它成功地规避了央行对存款利率上限的规定，通过和购买者订立的合同，承诺到期还本付息，给投资者提供远高于目前存款利率的收益。

第四章 股票投资：分享经济发展的硕果

认清股票的本质

📃 **要点导读**

> 我们通常所说的股票是股份证书的简称，是股份公司为筹集资金而发行给股东作为持股凭证并借以取得股息和红利的一种有价证券。

📇 **实战解析**

股票是股份公司资本的构成部分，可以转让、买卖或作价抵押，是资金市场的主要长期信用工具。股票投资是一种没有期限的长期投资。股票的由来，是与股票公司的出现相联系的。随着商品经济的迅速发展，生产社会化程度不断提高，传统的独资方式和封建家族企业已经不能胜任对巨额固定资本的需求，于是便产生了合伙经营的组织。单纯的合伙经营组织又逐步演变成为通过发行股票，向社会公众筹集资金，实现资本集中的股份公司。而股份公司建立之后，股票便应运而生了。

💬 **理财箴言**

股票是作为投资者入股分红的凭证。既然是凭证，股票票面上就必须记载一定的事项，否则便不足为凭。股票交易所对上市公司股票行情及定期会计表册的公告，起了一种广告效果，有效地扩大了上市公司的知名度，提高了上市公司的信誉。

必须了解的股市术语

要点导读

> 进入股票市场，你就会看到一些以手势的变化来达成交易，更会听到不少简单上口的术语。看得眼花缭乱，听得不解其意，然而，不了解这些是不能进行股市交易的。俗话说：隔行如隔山，因此进入一个行业之前要消除这种感觉最好的办法就是一定要了解这个行业中的专业术语。

实战解析

股票市场上面常用的术语很多，最主要的有如下几个。

1. 开盘价：当天的第一笔交易成交价格。

2. 收盘价：当天的最后一笔交易成交价格。

3. 最高盘价：当天的最高成交价格。

4. 最低盘价：当天的最低成交价格。

5. 多头：在一个时间段内看好股市者。

6. 空头：在一个时间段内看跌股市者。

7. 开高：今日开盘价在昨日收盘价之上。

8. 开平：今日开盘价与昨日收盘价持平。

9. 开低：今日开盘价在昨日收盘价之下。

10. 套牢：买入股票后，股价下跌，无法抛出。

11. 线：将股市的各项资料中的同类数据表现在图表上，作为行情判断基础的点的集合。如K线、移动平均线等。

12. 趋势：股价在一段时间内朝同一方向运动，即为趋势。

13. 涨势：股价在一段时间内不断朝新高价方向移动。

14. 跌势：股价在一段时间内不断朝新低价方向移动。

15. 盘整：股价在有限幅度内波动。

16. 压力点（线）：股价在涨升过程中，碰到某一高点（或线）

后停止涨升或回落，此点（或线）称为压力点（或线）。

17．支撑点（线）：股价在下跌过程中，碰到某一低点（或线）后停止下跌或回升，此点（或线）称为支撑点（或线）。

18．关卡：足以使股价涨升，停步下跌之价位，股价必须突破这个"结"方可继续。

19．突破：股价冲过关卡或上升趋势线。

20．跌破：股价跌到压力关卡或上升趋势线以下。

21．反转：股价朝原来趋势的相反方向移动分为向上反转和向下反转。

22．回挡：即股价下跌。

23．探底：寻找股价最低点过程，探底成功后股价由最低点开始翻升。

24．底部：股价长期趋势线的最低部分。

25．头部：股价长期趋势线的最高部分。

26．高价区：多头市场的末期，此时为中短期投资的最佳卖点。

27．低价区：多头市场的初期，此时为中短期投资的最佳买点。

28．买盘强劲：股市交易中买方的欲望强烈，造成股价上涨。

29．卖压沉重：股市交易中持股者争相抛售股票，造成股价下跌。

30．骗线：主力或大户利用市场心理，在趋势线上做手脚，使散户做出错误的决定。

31．超买：股价持续上升到一定高度，买方力量基本用尽，股价即将下跌。

32．超卖：股价持续下跌到一定低点，卖方力量基本用尽，股价即将回升。

33．利多：对于多头有利，能刺激股价上涨的各种因素和消息，如：银行利率降低；公司经营状况好转等。

34．利空：对空头有利，能促使股价下跌的因素和信息，如：银根抽紧；利率上升；经济衰退；公司经营状况恶化等。

35．牛市：股市前景乐观，股票价格持续上升的行情。

36．熊市：前途暗淡，股票普遍持续下跌的行情。

37．反弹：股票价格在下跌趋势中因下跌过快而回升的价格调整现象。回升幅度一般小于下跌幅度。

38．死空头：总是认为股市情况不好，不能买入股票，股票会大幅下跌的投资者。

39．死多头：总是看好股市，总拿着股票，即使是被套得很深，也对股市充满信心的投资者。

40．斩仓(割肉)：在买入股票后，股价下跌，投资者为避免损失扩大而低价(赔本)卖出股票的行为。

41．坐轿：预期股价将会大涨，或者知道有庄家在炒作而先期买进股票，让别人去抬股价，等股价大涨后卖出股票，自己可以不费多大力气就能赚大钱。

42．抬轿：认为目前股价处于低位，上升空间很大，于是认为，买进是坐轿，殊不知自己买进的并不是低价，不见得就能赚钱，其结果是在替别人抬轿子。

43．热门股：交易量大、换手率高、流通性强的股票，特点是价格变动幅度较大，与冷门股相对。

44．对敲：是股票投资者(庄家或大的机构投资者)的一种交易手法。具体操作方法为在多家营业部同时开户，以拉锯方式在各营业部之间报价交易，以达到操纵股价的目的。

45．筹码：投资人手中持有的一定数量的股票。

46．踏空：投资者因看淡后市，卖出股票后，该股价却一路上扬，或未能及时买入，因而未能赚得利润。

47．跳水：指股价迅速下滑，幅度很大，超过前一交易日的最低价很多。

48．诱多：股价盘旋已久，下跌可能性渐大，"空头"大都已卖出股票后，突然"空方"将股票拉高，误使"多方"以为股价会向上突破，纷纷加码，结果"空头"由高价打压而下，使"多头误入陷阱"而"套牢"，称为"诱多"。

49．诱空：即"主力多头"买进股票后，再故意将股价做软，使"空头"误信股价将大跌，故纷纷抛出股票错过获利机会，形成误入"多头"的陷阱，称为"诱空"。

50．阴跌：指股价进一步退两步，缓慢下滑的情况，如阴雨连绵，长期不止。

51．停板：因股票价格波动超过一定限度而停做交易。其中因股票价格上涨超过一定限度而停做交易叫涨停板，其中因股票价格下跌超过一定限度而停做交易叫跌停板。目前，国内规定A股涨跌幅度为10%；ST股为5%。

52．洗盘：是主力操纵股市，故意压低股价的一种手段，具体做法是，为了拉高股价获利出货，先有意制造卖压，迫使低价买进者卖出股票，以减轻拉升压力，通过这种方法可以使股价容易拉高。

53．平仓：投资者在股票市场上卖出股票的行为。

54．换手率：即某股票成交的股数与其上市流通股总数之比。它说明该股票交易活跃程度，尤其当新股上市时，更应注意这个指标。

55．现手：当前某一股票的成交量。

56．内盘：以买入价成交的交易，买入成交数量统计加入内盘。

57．外盘：以卖出价成交的交易。卖出量统计加入外盘。内盘、外盘这两个数据大体可以用来判断买卖力量的强弱。若外盘数量大于内盘，则表现买方力量较强，若内盘数量大于外盘则说明卖方力量较强。

58．均价：指现在时刻买卖股票的平均价格。若当前股价在均价之上，说明在此之前买的股票都处于盈利状态。

59．填权：股票除权后的除权价不一定等同于除权日的理论开盘价，当股票实际开盘价交易高于这一理论价格时，就是填权。

60．多头陷阱：即为多头设置的陷阱，通常发生在指数或股价屡创新高，并迅速突破原来的指数区且达到新高点，随后迅速滑落跌破以前的支撑位，结果使在高位买进的投资者严重被套。

61．空头陷阱：通常出现在指数或股价从高位区以高成交量跌至一个新的低点区，并造成向下突破的假象，使恐慌抛盘涌出后迅速回升至原先的密集成交区，并向上突破原压力线，使在低点卖出者踏空。

62．溢价发行：指股票或债券发行时以高于其票面余额的价格发行的方式。

63．散户：通常指投资额较少，资金数量达不到证券交易所要求的中户标准，常被称为散户。（目前进入中户有些地方是50万元资金，有些地方是30万元资金）。

64．抢帽子：指当天先低价买进，等股价上升后再卖出相同种类和相同数量的股票，或当天先卖出股票，然后再以低价买进相同数量和相同种类的股票，以获取差价利益。

💬 **理财箴言**

上面介绍的就是股票在交易的过程中，最常用的股票专业术语。由于在交易的过程中投资者大多使用股票交易的专业术语或习惯称呼，熟悉和掌握这些概念术语对我们进行股票操作交流和进行交易都有很大的帮助，这也是进行股票买卖的最基础知识。

净资产

📋 **要点导读**

> 股票的净资产是上市公司每股股票所包含的实际资产的数量，又称股票的账面价值或净值，指的是用会计的方法计算出的股票所包含的资产价值。其计算公式为：每股净资产=股东权益÷股本总额。

🖫 实战解析

这一指标反映每股股票所拥有的资产现值。每股净资产越高，股东拥有的资产现值越多；每股净资产越少，股东拥有的资产现值越少。通常每股净资产越高越好。

每股净资产值标志着上市公司的经济实力，反映了每股股票代表的公司净资产价值，是支撑股票市场价格的重要基础。每股净资产值越大，表明公司每股股票代表的财富越雄厚，通常创造利润的能力和抵御外来因素影响的能力越强。因为任何一个企业的经营都是以其净资产数量为依据的。如果一个企业负债过多而实际拥有的净资产较少，则意味着其经营成果的绝大部分都将用来还债；如负债过多出现资不抵债的现象，企业将会面临着破产的危险。

每股净资产指标反映了在会计期末每一股份在公司账面上到底值多少钱，如在公司性质相同、股票市价相近的条件下，某一公司股票的每股净资产越高，则公司发展潜力与其股票的投资价值越大，投资者所承担的投资风险越小。股票投资与银行储蓄有所不同。因为储蓄的利息率是事先固定的，所以储蓄的收益是与储蓄额成正比的，存得愈多，获利越大。而股票投资的收益只与所持股票的多寡成正比，投入的多并不意味着收获就大，即使股民投入的资金量相同，但由于所购股票数量不等，其投资收益就有可能差异很大。

由于股票的收益决定于股票的数量而并非股票的价格，且每股股票所包含的净资产决定着上市公司的经营实力，决定着上市公司的经营业绩，每股股票所包含的净资产就对股价起决定性的影响。

💬 理财箴言

股票价格与每股净资产之间的关系并没有固定的公式。因为除了净资产外，企业的管理水平、技术装备、产品的市场占有率及外部形象等都会对企业的最终经营效益产生影响，而净资产对股票价格的影响主要来自平均利润率规律的作用。

市盈率

要点导读

> 市盈率，全称为"市价盈利比率"，亦称"本益比"，是衡量股票价格水平的重要指标之一。这是股价这个变量与特定时间内设定的每股税后利润这个恒量的比值。用公式可表示为：**市盈率＋股票市价/每股税后盈利**。市盈率是分析股票市价高与低的重要指标，是衡量股票投资价值的一种方法。

实战解析

市盈率是投资者用以衡量、分析个股是否具有投资价值的工具之一。市盈率是没有负数的。利用市盈率分析股票投资价值，做出投资决策，以下几点可参考。

1．从不同国家和地区来看

一般而言，欧美市场的市盈率一般在20倍左右比较合理，许多大公司的市盈率一般维持在这个水平，当市盈率超过30倍时就可以看作高估了，一般可以选择时机抛出。

2．从不同行业来看

从较长时间看，不同行业的上市公司市盈率维持不同水平，处于不同生命周期的行业的市盈率也不同，朝阳行业（如高技术行业）以及具高成长性的绩优股市盈率偏高一些，夕阳行业的市盈率偏低一些。

3．从不同市场来看

从中外股市来看，成熟市场市盈率要偏低一些，而在高速成长中的新兴市场市盈率水平较高。如中国、俄罗斯、巴西、印度等国家由于经济基本面的成长性要好于欧美等国家的经济增长，所以股票的市盈率也较高，但同样市盈率波动的幅度也比成熟国家波动幅度大。

4．从处于牛市和熊市来看

一般而言，牛市市盈率相对可偏高一些，熊市则刚好相反。这也是为什么在牛市里市盈率被炒高了仍有人买，而熊市里即使市盈率在10倍左右仍无人问津的理由。

5. 从上市公司的成长性来看

一般来说，公司的市盈率与公司的成长性成正比，公司的增长性越好，公司的市盈率就越高。反之，则公司市盈率较低。当然，市盈率跟其他因素也有一定的关系，如公司的风险较低，市盈率也会有较好的表现，而公司的会计方法比较保守的话，市盈率也会比较高。

💬 理财箴言

市盈率综合了投资的成本与收益两个方面，可以全面地反映股市发展的全貌，因而在分析上具有重要价值。但是投资者在分析股票甚至基本大市，都不可以单从一个片面的数据去看，除了市盈率外，要考虑的因素还有诸如资产值、公司领导人作风表现、股票波幅、行业风险、图表走势及整体政治、经济环境等。

大小非

📋 要点导读

> "大小非"一时间引起窜红股市，众投资者议论纷纷，那么，大小非以及大小非减持到底是怎么回事呢？

📑 实战解析

非是指非流通股，由于股改使非流通股可以流通；持股低于5%的非流通股叫小非，大于5%的叫大非；非流通股可以流通后，他们就会抛出来套现，就叫减持。

大小非进行抛售之后的情况又会有所不同的，大非一般都是公司的大股东，战略投资者，一般不会抛，小非则是许多年不流通，一旦流通，又有很大获利，很多都会套现的。

2008年股市暴跌，大小非的减持受到股价下挫的影响，主要以小打小闹为主。而随着2009年市场人气的慢慢恢复，股价的持续上涨，大小非减持终于露出了本来的面目。

有数据显示截至2009年11月底，A股市场股改形成大小非共4771.61亿股，其中已经解禁的大小非为3212.90亿股，累计解禁占比67.33%，累计减持400.64亿股，减持股份数占已经解禁股份数量的12.47%。

2008年10月28日，上证指数历经连绵下跌后止步于1664点，其后便开始了一波指数翻番的行情。与之相对应的是，大小非减持从2008年11月底开始加速，并与股指产生"共振"现象。2009年2月份减持量首度突破10亿股后，接下来的六个月都超过10亿股，并于六月和七月连续两个月创出历史新高。8月份股指遭遇重挫，大小非减持同样遭遇"重挫"。

2009年11月份大小非减持量首度突破15亿股，再创历史新高。数据显示，11月份股改大小非解禁共46.77亿股，减持15.15亿股，占解禁总数的32.39%。其中小非减持5.59亿股，大非减持9.55亿股。而进入12月份以来，市场同样涌现出大非减持潮。统计数据表明，截至12月12日，本月累计有59家公司发布主要股东减持股票的公告，减持股数达到4.9亿股，估算减持金额52.3亿元，平均每个交易日约有6家公司的主要股东减持。与大非减持凶猛的11月份相比，12月份大非减持更猛烈。

💬 **理财箴言**

通过分析投资者就可以发现A股每次反弹的背后，都蕴藏着大小非们疯狂的抛售，而每当市场遭遇调整，其抛售行为立刻收敛。

正确的选股思路

要点导读

> 新股民往往是怀着期待入市，他们期待有天天涨停的股票，就像期待天天捡到钱包，甚至梦想一夜暴富，因此，在选股时，要由一个正确的心态。投资者要想真正赚到钱还必须审时度势，精心选股，以增加获利的概率。

实战解析

1. 选股要摈弃的选股心理

（1）从众心理

从众心理是指人们具有与他人保持一致、和他人做相同事情的本能。选股时表现为好像跟自己的现金有仇似的，只要卖了股票有钱了就又立马换成股票，现金不换成股票就全身不舒服。

（2）忘乎所以的心理

很多人因炒股而放弃了旅游、换车甚至周末吃大餐的习惯，该拿出多少资本投资股市比较合适呢？在2～3年内不会动用的闲钱，失去它也不会直接影响你的生活质量。

（3）侥幸心理

侥幸心理是股民的一个大敌。股市虽有点像赌博，但是毕竟不是赌博，更何况股市有其内在规律。切记，天上不会掉馅饼。

（4）赌博心理

大多数新股民存在一种赌博的心理，把炒股当赌博抱着赌一把的心态，千万别把所有的资金、希望以至身家都押在一只股票上。

（5）贪婪心理

贪婪是人类的恶习，更是致命伤！投资者入市，都是抱着赚钱的目的而来，但是过分贪心却是不可取的。

2. 选股三性

所谓的选股三性是指投资者在选择股票时，应该选择具有这样三性的股票：安全性、有利性、流动性。

（1）安全性

所谓的安全性是指确保投资者在收回本金并获得预期收益方面的特性；一般来说，影响安全性的主要是从投资到收回本金之间的不确定因素，投资者必须了解上市公司的资信等级、财务状况、获利能力以及发展潜力等情况，股票的安全性与发行公司的经营密切相关。由于时间越长，不确定的因素变化越大，所在长期股票的安全性就小于短期股票。

（2）有利性

所谓的有利性是指投资者获得利息收益和资本增值收益的可能性；而有利性往往与安全性相冲突，风险越大的股票，其可能获得的收益也相应较大。

（3）流动性

所谓的流动性是指股票随时变现的能力。股票的流动性好坏对投资者非常重要，它可以及时满足投资者对资金的一时急需，使股票投资具有灵活性，上市的股票变现容易，其流动性比较大，相反，不上市的股票的流动性较差。

💬 **理财箴言**

投资者在一个良好的心态下选择股票的时候，还要注意选择安全性、有利性、流动性都较好的股票进行投资，另外还要注意看哪些股票是受国家政策支持的，这样的股票往往容易得到市场的认同，具体的情况还需要投资者根据实际情况灵活把握。

炒股要看大趋势

要点导读

　　一般来说，初入股市者应该首先学会通过基本分析和技术分析的方法，来正确判断总体形势，也就是人们常称的"大趋势"，所谓的看懂大趋势，也就是能够了解目前整个股市发展趋势，套用股市术语来说，就是你必须弄清股市是朝着"多头市场"发展，还是转入"空头市场"。

实战解析

股市的投资者要看懂大趋势一定要明白影响大趋势的几个因素。

1. 从政府发布的经济指标判断目前的经济形势

投资者要根据政府有关部门所发布的各项经济指标与景气对策信号，分析经济成长是否趋于衰退。倘若经济呈现衰退迹象，股市便缺实力支撑，纵有所谓"资金行情"，亦难望其持久。

2. 看通货膨胀的走向

通货膨胀不仅使企业因物价与工资上升，成本升高，同时亦使多数低收入与固定收入者的购买力降低，间接也会影响企业获利。一旦通胀恶化，股市必然陷于空头走势。因此，投资者一定要密切关注通货膨胀有无上升的趋势。

3. 利率的上升幅度

利率上升，企业经营成本上扬，获利能力相对削弱，股市当然蒙受不利，这也就是当美国联邦储备理事会宣布调高贴现率，华尔街股市立即大幅挫落的道理，因此，要看懂大趋势，必须要关注利率的上升幅度。

4. 房地产景气是否呈现衰退

房地产也是预示大趋势的一个重要因素，通常房地产景气与股市盛衰几乎同步运行。若是房地产景气活络，股市亦必活络，反之，若房地产景气呈现衰退，则股市亦难保繁荣。

5. 股市是否出现脱序性飙涨

股市一旦出现脱序性飙涨就会有这样的表现：多数股票"本益比"偏高，与上市公司实际获利能力显然不相称；小型股、投机股股价连续飙升；价涨量缩，甚至呈现无量上涨；股场内人潮汹涌，充满乐观气氛，显示股市"过热"；各项技术分析指标显示股市严重"超买"。

6. 国际原油价格的走向

原油价格是影响股市大趋势的一个重要因素，截至目前，尚无更经济有效的能源足以取代石油的地位。一旦石油价格大幅上扬，则整个世界经济势必受到重大影响，对全球股市势必产生重大冲击。

7. 劳动力与环保问题是否日益恶化

劳动力与环保两大问题纠结，确已挫伤经济发展，并降低企业界投资意愿。

8. 政治与社会是否持续稳定与安定

繁荣的股市有赖稳定的政治与安定的社会为支撑，倘若政局动荡不安，经济发展必受影响，社会秩序混乱，则必降低企业投资意愿，股市转入空头市场亦属势所必然。

💬 **理财箴言**

从理论上讲，投资者在战略上要树立把握大趋势、不管小波动的方针。因此，投资者一定要看懂大趋势，一定要掌握上面所列的八个影响因素。

K 线图的奥秘

📃 **要点导读**

在股票的技术分析中，K 线分析是最重要的环节，投资者可以根据股价走势所形成的不同的K线形态或K线组合形态，来判断买卖力度的情况和预测未来股价的走势。K线图有直观、立体感强、携带信息量大的特点，能充分显示股价趋势的强弱、买卖双方力量平衡的变化，预测后市走向较准确。

实战解析

由于用这种方法绘制出来的图表形状颇似一根根蜡烛，加上这些蜡烛有黑白之分，因而K线图也叫阴阳线图表。

日K线是根据股价（指数）一天的走势中形成的四个价位即：开盘价、收盘价、最高价和最低价绘制而成的。如图4-1所示。

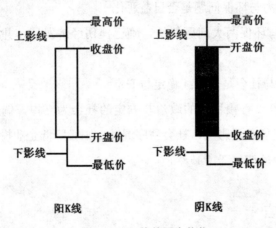

图4-1　日K线的四个价位

阳线指的是收盘价高于开盘价的K线。K线图中用红线标注表示涨势。K线最上方的一条细线称为上影线，中间的一条粗线为实体。下面的一条细线为下影线。当收盘价高于开盘价，也就是股价走势呈上升趋势时，我们称这种情况下的K线为阳线，中部的实体以空白或红色表示。这时，上影线的长度表示最高价和收盘价之间的价差，实体的长短代表收盘价与开盘价之间的价差，下影线的长度则代表开盘价和最低价之间的差距。

投资者需要注意的是，通常所讲的股票的涨跌指的是当日收盘价与上个交易日收盘价之间的比较，而 K 线为阳线时，只是表示当天收盘价高于当天开盘价。

一般而言，阳线表示买盘较强，卖盘较弱，这时，由于股票供不应求，会导致股价的上扬。

阴线指的是开盘价高于收盘价的 K 线。K 线图上一般用绿色标注，表示股票下跌。当收盘价低于开盘价，也就是股价走势呈下降趋势时，我们称这种情况下的 K 线为阴线。此时，上影线的长度表示最高价和开盘价之间的价差，实体的长短代表开盘价比收盘价高出的幅度，下影线的长度则由收盘价和最低价之间的价差大小所决定。

阴线表示卖盘较强，买盘较弱。此时，由于股票的持有者急于抛出股票，致使股价下挫。

单根 K 线是以每个分析周期的开盘价、最高价、最低价和收盘价绘制而成。以绘制日 K 线为例，首先确定开盘和收盘的价格，它们之间的部分画成矩形实体。如果收盘价格高于开盘价格，则 K 线被称为阳线，用空心的实体表示。反之，称为阴线用黑色实体或绿色实体表示。

目前，很多软件都可以用彩色实体来表示阴线和阳线，在国内股票和期货市场，通常用红色表示阳线，绿色表示阴线。但是投资者需要注意的是，欧美股票及外汇市场上通常用绿色代表阳线，红色代表阴线，和国内习惯刚好相反。

最后用上影线和下影线将最高价、最低价与实体分别相互连接。

根据日 K 线的画法，投资者也可以画出短期 K 线图和长期 K 线图。

根据计算周期的不同，K 线可以分为周 K 线、月 K 线、年 K 线。

周 K 线是指以周一的开盘价，周五的收盘价，全周最高价和全周最低价来画的 K 线图。月 K 线则以一个月的第一个交易日的开盘价，最后一个交易日的收盘价和全月最高价与全月最低价来画的 K 线图，同理，可以推得年 K 线定义。

中长期投资者可以参照周 K 线和月 K 线来研判行情，而短线操作者可以利用5分钟K线、15分钟K线、30分钟K线和60分钟K线来研判短期行情。

根据开盘价与收盘价的波动范围，可将K线分为极阴、极阳，小阴、小阳，中阴、中阳和大阴、大阳等线型。

极阴线和极阳线的波动范围在0.5%左右；

小阴线和小阳线的波动范围一般在0.6%～1.5%；

中阴线和中阳线的波动范围一般在1.6%～3.5%；

大阴线和大阳线的波动范围在3.6%以上。

💬 理财箴言

K线图能够全面透彻地观察到市场的真正变化。K线是价格运行轨迹的综合体现，无论是开盘价还是收盘价，甚至是上下影线都代表着深刻的含义，但是投资者绝对不能机械地使用K线，趋势运行的不同阶段出现的K线或者K线组合代表的含义不尽相同。

常用技术指标1：MACD

📋 要点导读

> MACD是平滑异同移动平均线，它是在1979年被提出的，它是一项利用短期（常用为12日）移动平均线与长期（常用为26日）移动平均线之间的聚合与分离状况，对买进、卖出时机做出研判的技术指标。

📑 实战解析

MACD指标主要是通过EMA、DIF和DEA（或叫MACD、DEM）这三者之间关系的研判，DIF是核心，DEA是辅助。DIF是快速平滑移动平均线（EMA_1）和慢速平滑移动平均线（EMA_2）的差。

1. 当DIF由下向上突破MACD，形成黄金交叉，即白色的DIF上穿黄色的MACD形成的交叉。同时BAR（绿柱线）缩短，为买入信号。如图4-2所示。

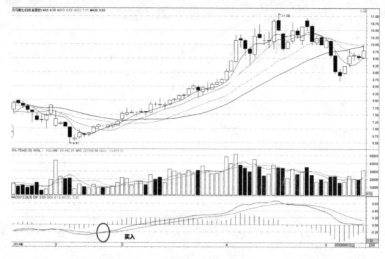

图4-2　MACD黄金交叉

2．当DIF自上向下突破MACD，形成死亡交叉。这是白色的DIF下穿黄色的MACD形成的交叉。同时BAR（红柱线）缩短，为卖出信号。

3．顶背离：当股价指数逐渐升高，而DIF及MACD不是同步上升，而是逐波下降，与股价走势形成顶背离。预示股价即将下跌。如果此时出现DIF两次由上向下穿过MACD，形成两次死亡交叉，则股价将大幅下跌。

4．底背离：当股价指数逐波下行，而DIF及MACD不是同步下降，而是逐波上升，与股价走势形成底背离，预示着股价即将上涨。如果此时出现DIF两次由下向上穿过MACD，形成两次黄金交叉，则股价即将大幅度上涨。如图4-3所示。

71

股价一波比一波低，而MACD指标却逐波上升，与股价走势形成底背离

买入

图4-3　MACD与股价底背离

💬 **理财箴言**

MACD是平滑异同移动平均线，当MACD从正数转向负数，是卖的信号。当MACD以大角度变化，表示快的移动平均线和慢的移动平均线的差距非常迅速地拉开，代表了一个市场大趋势的转变。

常用技术指标2：KDJ

📋 **要点导读**

> 随机指标KDJ一般是根据统计学的原理，通过一个特定的周期（常为9日、9周等）内出现过的最高价、最低价及最后一个计算周期的收盘价及这三者之间的比例关系，来计算最后一个计算周期的未成熟随机值RSV，然后根据平滑移动平均线的方法来计算K值、D值与J值，并绘成曲线图来研判股票走势。

📇 **实战解析**

KDJ指标反映的是多空双方买卖力量的对比，是单一价格因素的评定，具有很强的实用性。下面以软件上的日参数为（89，9，12）的KDJ指标为例，来揭示KDJ指标的买卖和观望功能。

1. 买入信号

（1）周低位金交叉时，此时月KDJ、周KDJ、日KDJ所有指标低位全部金叉共振向上攻击发散时是千载难逢的巨大历史性买进机会。所有资金应全线进场，重拳出击满仓参与决战，要关注并敢于赢大钱。

（2）实战操作时，当KDJ处于低位50以下时，甚至是超低位20左右时，一旦金叉则宜速买入，如图4-4所示。

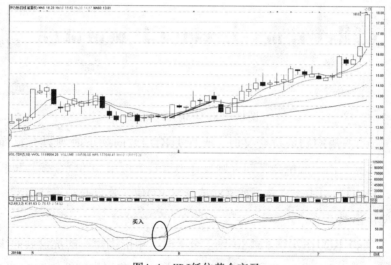

图4-4 KDJ低位黄金交叉

（3）当周日KDJ冲向50以上回落至50左右进时，KDJ死叉后，或不死叉反转向上，均线形态良好，为多头排列，则意味洗盘结束，放量则买入时机，可以以70左右的仓位买入。

2. 卖出信号

（1）当周日KDJ同时在20以下金叉时，则实战重仓持有，中线持仓，一直持有到日KDJ死叉卖出。

（2）当股价经过前期一段很长时间的上升行情后，股价涨幅已经很大的情况下，一旦J线和K线在高位（80附近）几乎同时向下突破D线，同时股价也向下跌破中短期均线时，则表明股市即将由强势转为弱势，股价将大跌，这就是KDJ指标的一种"死亡交叉"，即80附近的高位死叉。此时，投资者应及时卖出大部分股票。如图4-5所示。

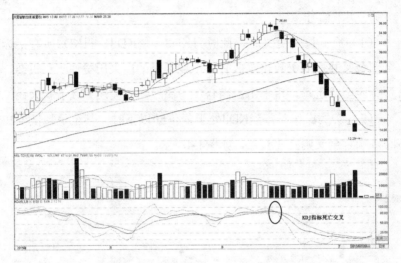

图4-5　KDJ高位死亡交叉

（3）周KDJ低位金叉时，此时月KDJ方向朝下时则只有反弹行情。如果日KDJ低位金叉朝上则反弹力度较大可用30%资金参与短线操作，日KDJ的J线一旦向下死叉80或死叉 KD值，临盘必须不计盈亏，果断坚决出局。

（4）KDJ在70以上或80 以上金叉时，可能为短暂的洗盘后的快速拉升，有庄家拉高出货的嫌疑，宜快进快出，若根据30分钟和60分钟K线及指标系统，符合卖出条件的则速出，仓位控制在半仓以内，以三分之一为好。

💬 **理财箴言**

KDJ指标主要是利用价格波动的真实波幅来反映价格走势的强弱和超买超卖现象，在价格尚未上升或下降之前发出买卖信号的一种技术工具。主要是研究最高价、最低价和收盘价之间的关系，同时也融合了动量观念、强弱指标和移动平均线的一些优点，因此，能够比较迅速、快捷、直观地研判行情。

常用技术指标3：BOLL

要点导读

> "BOLL"是布林线的简称，布林线指标由布林格发明，是各种投资市场广泛运用的路径分析指标。

实战解析

布林线由支撑线（Down线）、阻力线（Up线）和中线（MB）三者组成，其上下限范围不固定，随股价的变化而变化，其中中线是股价平均线。如图4-6所示。

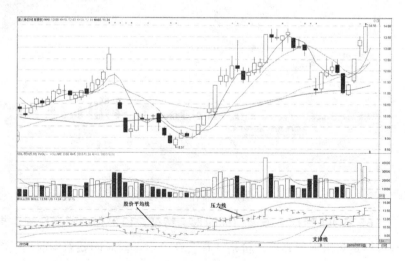

图4-6　布林线指标组成

布林线指标的应用原则分为以下几个方面。

1．上、中、下轨所组成的波带没有恒定的值，上下范围不受限定，价格在正常状态下始终处于波带之内运行。

2．波带上下轨显示出价格的安全运行的最高位和最低位，MB

线、UP线、DOWN线均可对价格产生支撑作用，MB线和UP线有时将对价格走势形成压力。

3．当K线在MB线以上运行时，是强势趋势；当K线在MB线以下运行时，是弱势趋势。

4．当价格线向上穿越UP线时，形成短期回档，为短线卖出时机；当价格线向下穿越DOWN线时，形成短期反弹，为短线买进时机。

5．当波带开口逐渐收窄时，预示价格将在今后一段时间中进入盘整期；当波带开口放大时，预示着价格将在今后一段时间中出现比较激烈的波动，此时可以根据波带开口的上下方向，来确定未来价格波动的主要趋势是上涨还是下跌。如图4-7所示。

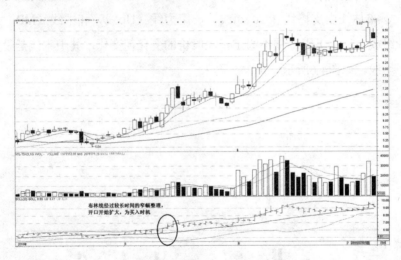

图4-7　布林线开口扩大

6．BOLL指标不强调指标的形态特征，但仍强调背离现象。指标与价格走势出现背离后，价格往往会在今后一段时间朝着当前相反的方向运行。

7．当BOLL通道整体是横向运行，表示股价是处于整理状态。一般有以下三种情况。

（1）当股价前期一直处于长时间的下跌行情后，开始出现布林通道的横向移动时，表明股价是处于构筑底部阶段，投资者可以开始分批少量建仓，一旦布林通道的运行方向有向上的迹象，则可加大买入力度。

（2）当股价前期是处于小幅上涨行情后，开始出现布林通道的横向移动时，表明股价是处于上升阶段的整理行情之中，投资者可以持股待涨或逢低短线吸纳，一旦布林通道的运行方向有向上的迹象，则可加大买入力度。

（3）当股价刚刚经历一轮大涨行情后，开始出现布林通道的横向移动时，表明股价是处于高位整理行情之中，投资者可以持币观望和逢高减磅为主，一旦布林通道的运行方向有向下的迹象，则坚决清仓离场。

🗩 理财箴言

将布林线和其他指标配合使用效果会更好，如成交量、KDJ指标等，如此巧用布林线买卖，能避开庄家利用一些常用技术指标诱多或者诱空的陷阱，特别适用于波段操作。

从量价关系看股价涨跌

📃 要点导读

> 成交量指的是一只股票的单位时间的成交量，有日成交量、月成交量、年成交量；股票的价格是以收盘价为准，还有开盘价、最高价、最低价。一只股票的成交量和股票的价格之间是有一定关系的。

📇 实战解析

成交量与价格一般有这样几种关系。

1. 量增价涨

这种情况是指个股（或大盘）中股价随着成交量的递增而上涨的一种价量变动关系。是股市行情的正常特性，此种量增价涨关系表明股价将继续上升。"量增价升"是最常见的多头主动进攻模式，应积极进场买入，与庄共舞。这样随着成交量放大和股价同步上升，买股短期就可获收益。如图4-8所示。

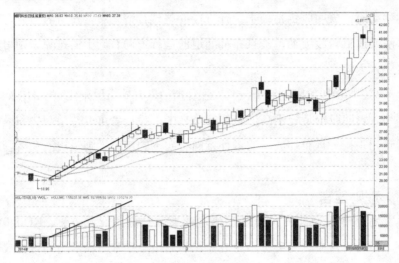

图4-8　量增价涨

2．量增价平

这是转阳的信号，指个股（或大盘）股价经过持续下跌的低位区，在成交量增加的情况下个股股价几乎在一定价位水平上下波动，出现成交量增加，股价企稳现象，此时一般成交量的阳柱线明显多于阴柱，凸凹量差比较明显，说明底部在积聚上涨动力，有主力在进货为中线转阳信号，可以适量买进持股待涨。这种现象既可能出现在上升行情的各个阶段，也可能出现在下跌行情的各个阶段中。

3．量平价升

这是指大盘或者个股在成交量保持等量水平的情况下，股价却开始了持续上升的一种价量关系情况。投资者可在期间适时参与。

4．量增价跌

这主要是指个股（或大盘）在成交量增加的情况下，个股股价反而下跌的一种量价配合现象，这是弃卖观望的信号。股价经过长期大幅下跌之后，出现成交量增加，即使股价仍在下落，也要慎重对待极度恐慌的"杀跌"，所以此阶段的操作原则是放弃卖出空仓观望。如图4-9所示。

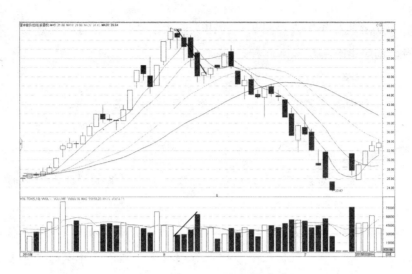

图4-9 量增价跌

5. 量缩价涨

这种现象是继续持有的信号，这主要是指个股（或大盘）在成交量较少的情况下个股股价反而上涨的一种现象。成交量减少，股价仍在继续上升，适宜继续持股，即使如果锁筹现象较好，也只能是小资金短线参与，因为股价已经有了相当的涨幅，接近上涨末期了。

6. 量减价跌

这种现象卖出信号，是指个股（或大盘）在成交量减少的同时个股股价也同步下跌，成交量继续减少，股价趋势开始转为下降，为卖出信号。

7. 量平价跌

这种现象是继续卖出的信号，是指个股（或大盘）成交量停止减少，股价急速滑落，此阶段应继续坚持及早卖出的方针，不要买入，当心"飞刀断手"。表示股价开始下跌，减仓；若已跌了一段时间，底部可能出现，密切注意后市发展。

8. 量减价平

这种现象是警戒信号，是指个股（或大盘）成交量显著减少，股价经过长期大幅上涨之后，进行横向整理不再上升，此为警戒出货的信号。此阶段如果突发巨量天量拉出大阳大阴线，无论有无利好利空消息，均应果断派发。

9. 价稳量平

这种现象是多空势均力敌，将继续呈盘整状态的信号。

💬 理财箴言

　　成交量作为价格形态的确认，如果没有成交量的确认，价格形态是虚的，其可靠性也要差一些。成交量是股价的先行指标。一般说来，量是价的先行者，当成交量增加时，股价迟早会跟上来；当股价上涨而成交量不增加时，股价迟早会掉下来。从这个意义上可以说"价是虚的，只有量才是真实的"。

巧用平均线判断后市强弱

📋 要点导读

　　在股市技术分析领域里，移动平均线（MA）是绝不可少的指标工具，它是以道·琼斯的"平均成本概念"为理论基础，采用统计学中"移动平均"的原理，将一段时期内的股票价格平均值连成曲线，用来显示股价的历史波动情况，进而反映股价指数未来发展趋势的技术分析方法。移动平均线是道氏理论的形象化表述。

📇 实战解析

　　移动平均线是股市实战经常运用的指标。一般而言，5日到20日的移动平均线是短期移动平均线；30日到100日是中期移动平均线；100日以上则为长期移动平均线。在各条均线中，5日、10日、20日、30日和240日均线对于股市的意义最为重要。

　　1. 上升行情初期，短期移动平均线从下向上突破中长期移动平均线，形成的交叉叫黄金交叉。这个时候压力线被向上突破，表示股价将继续上涨，行情看好。黄色的5日均线上穿紫色的10日均线形成的交叉；10日均线上穿绿色的30日均线形成的交叉均为黄金交叉。如图4-10所示。

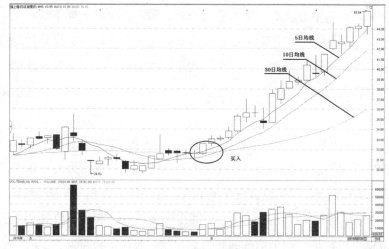

图4-10　均线黄金交叉

2. 当短期移动平均线向下跌破中长期移动平均线形成的交叉叫作死亡交叉。这个时候支撑线被向下突破，表示股价将继续下落，行情看跌。黄色的5日均线下穿紫色的10日均线形成的交叉；10日均线下穿绿色的30日均线形成的交叉均为死亡交叉。如图4-11所示。

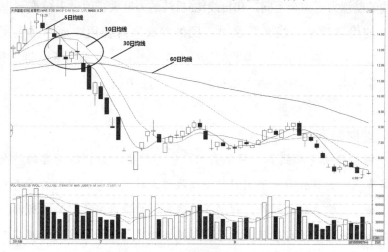

图4-11　均线死亡交叉

3．在上升行情进入稳定期，5日、10日、30日移动平均线从上而下依次顺序排列，向右上方移动，称为多头排列，预示股价将大幅上涨。

4．在下跌行情中，5日、10日、30日移动平均线自下而上依次顺序排列，向右下方移动，称为空头排列，预示股价将大幅下跌。

5．在上升行情中股价位于移动平均线之上，走多头排列的均线可视为多方的防线；当股价回档至移动平均线附近，各条移动平均线依次产生支撑力量，买盘入场推动股价再度上升，这就是移动平均线的助涨作用。

6．在下跌行情中，股价在移动平均线的下方，呈空头排列的移动平均线可以视为空方的防线，当股价反弹到移动平均线附近时，便会遇到阻力，卖盘涌出，促使股价进一步下跌，这就是移动平均线的助跌作用。

7．移动平均线由上升转为下降出现最高点，和由下降转为上升出现最低点时，是移动平均线的转折点，预示股价走势将发生反转。

移动平均线的最基本的作用是消除偶然因素的影响，另外还稍微有一点平均成本价格的含义。

移动平均线的参数的作用就是加强移动平均线上述几方面的特性。参数选择得越大，上述的特性就越大。比如，突破5日线和突破10日线的助涨力度完全不同，10日线比5日线的力度大，改过来较难一些。

使用移动平均线通常是对不同的参数同时使用，而不是仅用一个。按个人习惯的不同，参数的选择上有些差别，但都包括长期、中期和短期三类。长、中、短是相对的，可以自己确定。

💬 理财箴言

由于移动平均线具有简单实用、容易掌握、公开投资者的持仓成本等优点，目前股市中使用移动平均线作为技术操作工具的投资者人数越来越多。需要注意的是，移动平均线也有自身的缺点，即在股指股价窄幅整理或庄家进行震荡洗盘时，短期移动平均线会过多地出现买卖信号。这些信号不易辨别，并容易误导投资者，值得警惕。克服的方法是结合中长期均线及其他技术方法进行综合判断。

短线操作出奇制胜

要点导读

> 炒股是一种风险很大但收益也可能很高的投资，短线操作尤其难以把握。要制定铁的纪律，才有可能出奇制胜。

实战解析

进行短线操作要注意以下几点。

1. 紧跟市场短期热点，包括每天政策上对行业的刺激，消息上对于个股、板块的影响，这些都是热点，例如最近的"分拆上市"概念。只要是处在底部，刚刚开始往上拉升的热点个股，就可以在控制仓位的前提下逐步介入。

2. 快进快出，这多少有点像我们用微波炉热菜，放进去加热之后要立即端出。原本想快进短炒，结果是长期被套。因此，即使被套也要遵循秘诀而快出。

3. 投入短线炒作的资金要适量，一般的短线投入资金以15%左右为限。

4. 见好就收，投资者一定要知道，如果看到股票走出一波比一波低，甚至是连续下跌的波浪形，就应当及早出局，记住短线介入的目的是为了提高资金的使用效率。如图4-12所示。

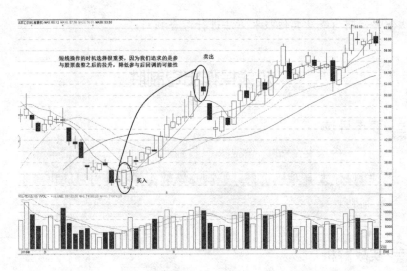

图4-12　短线操作

5．短线要抓领头羊，这跟放羊有点类似，领头羊往西跑，你不能向东；领头羊上山，你不能跳崖。抓不住领头羊，逮第二头羊也不错。秘诀是不要去追尾羊，尾羊不仅跑得慢，还有可能掉队。

6．要在大势交投活跃的时候做短线。大势交投活跃，成交量较大，个股涨幅明显并出现较多的个股涨停时，往往容易做短线。特别是当一个热点板块出现龙头时，可抓住龙头做一把。

7．轻仓参与，如果是资金量大的投资者，完全没有必要把所有的资金压在一只短线热点股票上，这样风险比较大。在刚开始介入时，可以先进入三成左右的仓位，然后根据市场和个股的情况再做下一步决定。

8．买进股票下跌了8%应坚决止损。

做短线要是发现找错了对象，一定要当机立断，止损出局，千万不要把自己套得不能动弹。

💬 理财箴言

短线操作，交易佣金的多少在一定程度上，影响到交易的成本。不同的佣金交付形式可以省出不少钱。因此，股民朋友应该注意选择一些省钱的佣金交付形式。

中线操作进退有度

📋 **要点导读**

> 中线炒股是介于长线炒股和短线炒股之间的一种波段炒股的方式。这种波段的炒股方式既能够满足自己的操作欲望，又不至于亏损，并且能够挣点小钱。

📑 **实战解析**

波段操作是指你对手中锁定中线股进行高位卖出，低位买进的交易行为。就股票而言应该是固定不换股；就买卖操作上说是短线的进出。既有持股不动，又有高抛低吸的博弈。如图4-13所示。

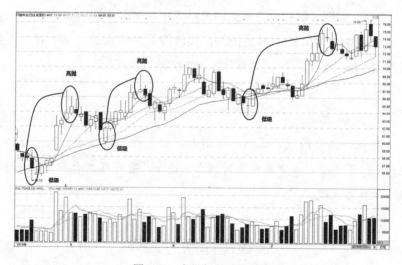

图4-13 高抛低吸波段操作

采用短线进行炒股的投资者，务必确立自己中线炒股的心态与目标。只有战胜了自我，才能把这心态和目标紧紧锁定在一至两只中线股上。进行中线炒股操作的时候，一定要满足大盘这样的几个条件。

首先，中期处于调整状态，短期处于稳定状态，可积极进行操作；其次，中期处于慢牛上扬状态，短期处于上扬状态，视个股情况，符合选股和买入条件的方可买入；再次，中期小幅下跌，短线反弹或进入调整，选取已经止跌的个股进行操作；最后，中期暴涨，短期也暴涨，不适用中线操作法，而适合跟庄战法。

进行中线波段操作有这样几种方法：（1）半仓低位买入，突破阻力加仓至满，这种办法适合于建仓下跌浪中的股票；（2）满仓低位进场，高位全清仓，应用于平台启动的即将拉升的股票；（3）满仓低买，高位清半仓，此方法适合于上升途中的回调建仓。

进行波段操作的时候，一定要注意以下几个事项：

（1）买低不追高；

（2）在上升趋势中不空仓；

（3）波段中获利20%务必减仓；

（4）不要见小利频繁买卖进出，跌幅达到30%可满仓抄底；

（5）定期了解分析基本面的突然变化，采取有效出局办法。

中线操作的大波段不是投机，大波段是对生命、兴衰更替、人性的透彻了解之后的一种极其有效的投资方法。

💬 **理财箴言**

短线的操作的确很暴利，很诱人，但是并不适合每个人。有些可能是个性不适合，或者有些是时间上不适合，更有可能大多数人并没有短线操作的天赋。

长线操作顺应大势

📑 **要点导读**

长线操作是指投资人买入看好的股票后长期持有，以获取长期的利益。也就是说，持仓周期在一个交易日以上的交易统统称为长线交易。在投资者群体调查发现：青睐短线交易的投资者数量大大高于从事长线交易的投资者数量。但在成功的投资者群体中，我们又发现，长线投资者的比例又远远高于短线投资者。

🗅 实战解析

长线交易有一个最大的特点：亏小赢大，它不重视盈亏的次数比例，而重视盈亏的质量，这是它与短线交易的最本质区别。长线投资者对机会数量的关注要远远低于对盈利数量的关注。投资的根本目的是获利，长线操作，放弃了一些机会，但对利润的把握程度却更加稳定。就对交易者的心理素质要求来看，长线交易者不可能全程监控持仓的整个过程，交易中需要长时间面对不可知、不可控的不确定状态，这意味着可能长时间承担巨大的心理压力，这就要求长线投资者具有更强的心理承受能力。长线操作的持股不是套牢之后被动的持股，而是在盈利之后让利润尽情奔跑的一种主动性持股。

做长线是一种投资智慧，这是因为它在投资操作上有双重保险。第一重保险（大盘大资金面）：根据大盘的大资金进出转折点，选择买卖时机，就能控制好大势风险；第二重保险（个股大资金面）：在大盘大资金进场时，选择数个基金重仓股进行组合投资，就能控制好个股风险。

进行长线操作首先就要确定当前的市场是处于长期底部区间的。可以用两个最普通的指标来判断，即市场平均市盈率和市净率。针对A股市场，当市场平均市盈率处于10倍左右且市净率低于1.5倍时，基本可以判断为长期底部。进行长线操作在确定长期底部之后要做的事情就是选股了。在一波牛市里，选择不同股票所带来的收益可能相差好几倍，如何选择正确的股票进行长线持有是至关重要的。选股首先是选择行业，选择好行业之后接着就是选择个股了。

事实上，一旦懂得了顺从大势进行操作的重要性，以及庄家也要顺从大势才能赚钱的道理，那么大家做股票就不再会过分迷信庄家了。说穿了，若能跟踪好大盘大资金和个股大资金，那么不断增值自己资金就不是件难事。如图4-14所示。

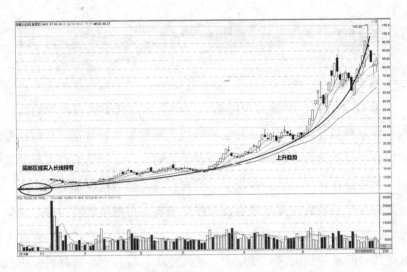

图4-14　认准上升趋势长线交易

💬 **理财箴言**

　　长线交易最重要的是保持客观和遵守纪律，在很多情况下要放弃你自己鲜活的思想和判断，但结束一次成功的长线却可以获取令人羡慕的回报，这也是长线之所以令人向往的原因。

止盈与止损

📋 **要点导读**

> 　　止盈和止损是华尔街第一条铁律，但事实上，很少有投资者能真正做到这一点。事实上，市场变幻莫测，个体永远无法把握股价最低点和最高点，如能在相对低点和高点进出，已经是大有收获了。

💳 **实战解析**

　　止盈和止损是股市常用的操盘手法，看起来仅一字之差，实质上却有很大区别。投资者要根据自身的财务情况和家庭风险承受度等来确定止盈点和止损点。而一旦到止损位，投资者要及时收手，虽然"割肉"很痛苦，但也要坚决执行既定原则，这样才可以避免更大的损失。如图4-15所示。

图4-15　止盈与止损

1．止损

一般来说，止损是指个股的股价发生明显转折，由升转跌，运行在波峰右侧，为了避免更大亏损，而在预先设定的盈亏边缘附近，果断斩仓的一种行为。每当连阴杀跌、趋势转淡之后，一些分析师总会善意提醒大家注意止损。而经验丰富的高手在确认波段见顶之后，也会及时获利了结。但对绝大多数投资者，尤其是对缺乏经验的新手来说，很难做到这点。

2．止盈

止盈则是指个股升势未变，运行在波峰左侧，为了确保胜利果实，而在预先测定的攻击目标价左右，提前分批卖出、锁定利润的一种行为。有这样四种设置止盈位的方法：（1）随价设置止盈位；（2）涨幅止盈法，比如，短期内股价上扬10%或者20%就卖出等；（3）技术指标止盈法；（4）筹码区止盈法，前期高点价位区、成交密集区等重要筹码区，投资者要注意及时止盈。

💬 **理财箴言**

　　止损和止盈究竟哪一种手法更好，这要因人而异，因习惯而异，因目的而异，很难一概而论。止盈更适合中小投资者，特别是经验欠缺的新股民，因为操作难度比止损要小一些，成功的概率也更高一些。

套牢与解套

📋 **要点导读**

> 　　套牢与解套都是股市中常用的一种术语，也都是一种形象的比喻。有一个先后的顺序，先被套牢，然后解套。

📑 **实战解析**

　　套牢之前由一个被套的环节，被套是指投资者买入一只股票之后，该股票立刻下跌了，那么该投资者就被套了。套牢是指进行股票交易时所遭遇的交易风险，表示投资者的投资浮动损失已经大大超过了他的可接受范围，且可预见的时间段内，能捞回损失的机会不大。套牢又可以分为两种不同的情况，投资者预计股价将上涨，但在买进后股价却一直呈下跌趋势，这种现象称为多头套牢。相反，投资者预计股价将下跌，将所持股票放空卖出，但股价却一直上涨，这种现象称为空头套牢。

　　空头套牢的概念是相对于多头套牢而言的，由于国内市场暂未开放空头市场，所以一般来说国内市场指的套牢即为多头套牢。根据投资者被套后，损失的程度不同，又可以分为不同程度的套牢。投资者可接受的浮动损失为10%，当他认赔后下一次能赢回来的概率为80%，他就可以认赔出局，套他不住。当投资者的损失已达15%，当他认赔后下一次能赢回10%的概率为80%，15%的概率为50%，他就可能难以决定是否认赔出局，这叫轻度套牢。如此例推，损失20%、30%或更多时，投资者的抽作就会越来越被动，直至完全失去了抽作的动力（即完全套牢）。这个具体损失多少的标准是没有的，完全由投资者自己判断损失多少为吃套。

　　套牢出现后，可采用的方式是止损。如投资者对股票未来仍有信心，也可在低价位继续购进股票，摊平股本，在股市上涨后赢得利润解套。如图4-16所示。

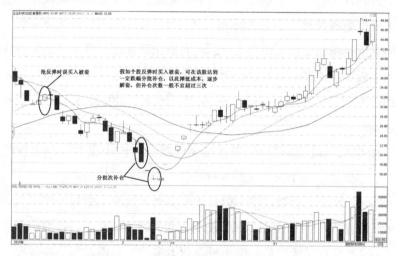

图4-16　补仓解套

💬 **理财箴言**

　　投资者之所以被套是因为在对市场知之甚少但又经不起诱惑的情况下购买股票，可以说99%的投资者是在这种情况下介入市场的。这就需要投资者经过系统的学习，不经历一定的时间是不可能成功的。

什么是中小板

📑 **要点导读**

　　在中小企业板五周年座谈会上山河智能董事长何清华表示，中小板五年来不仅助推山河智能发展，更保障了中国经济新生力量的今天和明天，为国内中小企业健康发展创造了一个安全岛，逐步形成了一支具有竞争力的企业群队伍。

实战解析

2004年5月，经国务院批准，中国证监会批复同意深圳证券交易所在主板市场内设立中小企业板块。中小板是相对于主板市场而言的，中国的主板市场包括深交所和上交所。有些企业深圳证券交易所的条件达不到主板市场的要求，所以只能在中小板市场上市。中小板市场是创业板的一种过渡，在中国的中小板的市场代码是002开头的。如图4-17所示。

中小板块是流通盘1亿以下的创业板块，中小企业板与主板的类比。一般而言，中小板企业都具有这样几个方面的优势。

（1）处于成长期：中小板企业大多处于企业生命周期的成长期，与处于成熟期的企业相比，成长期的企业具有高成长、高收益的特点。

（2）具有区域优势：中小板企业大多位于东南沿海等经济发达的地区，在50家企业中，浙江、广东、江苏三省共31家，占62%。沿海区域的经济发展为中小企业的发展提供了巨大的空间。

（3）自主创新能力强：中小板企业多数是一些在各自细分行业处于龙头地位的小公司，拥有自主专利技术的接近90%，部分公司被列为国家火炬计划重点高新技术企业和国家科技部认定全国重点高新技术企业。"十一五"规划强调了高科技的自主创新能力，科技含量较高的中小板企业将迎来良好的市场发展环境。

（4）全流通的板块：中小企业板是国内第一个全流通的板块。

理财箴言

中小板企业一些受益者认为上市后资本与技术的融合，产生了巨大的经济效益，借助融资产生品牌综合效应，品牌和知名度、美誉度得到大大提升。解决资金难题、实现资本以小博大以及提高对人才的吸引力。

代码	名称	涨幅%	现价	涨跌	买价	卖价	总量	现量	涨速%	换手%	今开	最高	最低	昨收	市盈动	总金额	量比	细分行业
002676	顺威股份	10.00	23.64	2.15	23.63	23.64	66720	905	0.85	1.67	21.50	23.64	21.50	21.49	492.65	1.54亿	1.99	塑料
002805	丰元股份	10.00	38.38	3.49	38.38	--	728	4	0.00	0.30	38.38	38.38	38.38	34.89	138.80	280万	1.52	化工原料
002806	华锋股份	10.00	11.88	1.08	11.88	--	20	5	0.00	0.01	11.88	11.88	11.88	10.80	35.51	2.38万	0.00	元器件
002803	吉宏股份	10.00	31.68	2.88	31.68	--	599	15	0.00	0.21	31.68	31.68	31.68	28.80	143.64	190万	2.50	广告包装
002616	长青集团	10.00	22.22	2.02	22.22	--	105983	3754	0.18	4.73	20.28	22.22	20.12	20.20	63.15	2.24亿	3.94	环境保护
002102	冠福股份	7.63	16.23	1.15	16.22	16.23	327295	7675	-0.42	8.13	15.03	16.50	15.03	15.08	76.03	5.16亿	1.78	化学制药
002001	新和成	7.27	22.86	1.55	22.86	22.87	433028	5748	0.00	4.04	21.25	23.17	21.25	21.31	39.98	9.69亿	2.36	化学制药
002618	丹邦科技	6.72	34.15	2.15	34.15	34.16	128543	3023	0.44	3.52	32.00	34.30	31.50	32.00	475.60	4.24亿	1.07	元器件
002200	云投生态	6.37	20.88	1.25	20.88	20.89	98271	1308	0.00	9.11	20.00	21.36	19.60	19.63	958.97	2.04亿	2.77	环境保护
002409	雅克科技	6.01	24.87	1.41	24.87	24.88	59843	988	-0.08	3.63	23.46	25.28	23.30	23.46	118.61	1.49亿	1.45	化工原料
002314	南山控股	5.43	7.96	0.41	7.95	7.96	307162	3425	-0.12	5.30	7.55	8.09	7.32	7.55	12.89	2.40亿	1.11	区域地产
002242	九阳股份	5.24	21.89	1.09	21.89	21.90	210563	2673	0.22	2.76	20.75	22.40	20.62	20.80	31.73	4.54亿	2.29	家用电器
002635	安洁科技	5.10	38.93	1.89	38.93	38.94	107111	3054	0.10	7.23	37.17	39.60	36.51	37.04	44.15	5.87亿	1.55	电脑设备
002571	德力股份	4.89	15.23	0.71	15.23	15.24	86003	2600	0.06	3.40	14.50	15.24	14.42	14.52	--	1.29亿	1.71	玻璃
002208	合肥城建	4.65	17.99	0.80	17.99	18.00	100402	1725	0.16	3.14	17.19	18.19	17.10	17.19	20.28	1.78亿	1.43	区域地产
002626	金达威	4.48	16.32	0.70	16.31	16.32	126596	1422	-0.12	2.20	15.50	16.86	15.46	15.62	48.93	2.05亿	1.89	食品
002569	步森股份	4.31	29.26	1.21	29.26	29.27	107111	898	0.06	7.76	28.40	30.35	28.08	28.05	--	3.12亿	1.11	服饰
002332	仙琚制药	4.08	12.75	0.50	12.74	12.75	160802	1739	0.00	3.44	12.29	12.98	12.20	12.25	143.25	2.05亿	1.51	化学制药
002223	鱼跃医疗	4.04	33.50	1.30	33.50	33.51	153740	1871	0.17	3.11	32.45	34.10	32.45	32.20	39.29	5.13亿	1.98	医疗保健
002755	东方新星	3.80	38.20	1.40	38.00	38.20	10232	537	0.26	2.91	36.91	38.50	36.43	36.80	--	3839万	1.15	建筑施工
002801	微光股份	3.80	166.60	6.10	166.59	166.60	50542	854	-0.50	34.34	157.70	174.78	156.06	160.50	105.42	8.36亿	1.33	电气设备
002411	必康股份	3.78	22.77	0.83	22.76	22.77	167945	2286	0.30	5.92	21.82	22.97	21.82	21.94	37.47	3.79亿	1.41	化学制药
002526	山东矿机	3.76	10.76	0.39	10.75	10.76	291374	2573	-0.18	6.95	10.37	10.97	10.32	10.37	--	3.11亿	3.99	工程机械
002264	新华都	3.74	8.59	0.31	8.59	8.59	225208	1658	0.23	4.19	8.30	8.75	8.23	8.28	31.26	1.92亿	1.95	超市连锁
002216	三全食品	3.55	9.04	0.31	9.03	9.04	49307	3945	0.44	0.88	8.71	9.04	8.71	8.73	95.50	4377万	0.79	食品
002606	大连电瓷	3.20	20.63	0.64	20.62	20.63	78821	2286	0.14	5.33	20.13	20.82	19.79	19.99	48.22	1.61亿	1.23	电气设备
002062	宏润建设	3.19	6.46	0.20	6.46	6.47	143479	2988	0.46	1.52	6.28	6.50	6.14	6.26	27.70	9120万	1.05	建筑施工
002027	分众传媒	3.18	15.57	0.48	15.57	15.58	109884	1442	-0.12	2.17	15.39	15.75	14.83	15.09	52.37	1.69亿	1.24	软件服务
002078	太阳纸业	3.13	5.93	0.18	5.92	5.93	609509	3294	-0.16	2.42	5.74	6.03	5.72	5.75	26.51	3.62亿	1.50	造纸
002762	金发拉比	3.13	33.98	1.03	33.98	33.99	81877	1386	0.35	16.19	32.78	34.90	32.50	32.95	117.98	2.76亿	1.71	服饰

图4-17　2016年7月29日中小板股票涨幅榜前30名个股

93

什么是创业板

要点导读

> 创业板又称二板市场，简言之就是给创业型企业上市融资的股票市场，是指主板之外的专为暂时无法上市的中小企业和新兴公司提供融资途径和成长空间的证券交易市场。

实战解析

1999年11月25日，酝酿10年之久的香港创业板市场的建立应该是最早的二板市场。

一般而言，创业板具有以下几个方面的特点。

1. 创业型企业一般是高新技术企业和中小企业，具有较高的成长性，但往往成立时间较短，规模较小，业绩也不突出，但有很大的成长空间。如鼎捷软件股份有限公司就是创业板上市公司，该公司是中国最具影响力的ERP企业管理软件与服务供应商，其公司股票日K线走势如图4-18所示。

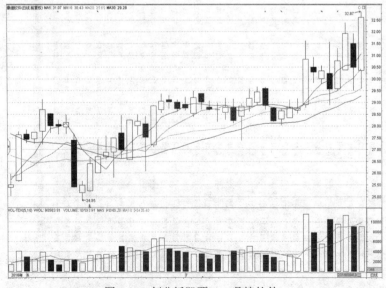

图4-18 创业板股票——鼎捷软件

2．低门槛进入，严要求运作是创业板市场最大的特点，这有助于有潜力的中小企业获得融资机会。

3．在中国发展创业板市场是为了给中小企业提供更方便的融资渠道，为风险资本营造一个正常的退出机制。同时，这也是我国调整产业结构、推进经济改革的重要手段。

4．对投资者来说，创业板市场的风险要比主板市场高得多。当然，回报可能也会大得多。

5．各国政府对二板市场的监管更为严格。其核心就是"信息披露"。除此之外，监管部门还通过"保荐人"制度来帮助投资者选择高素质企业。

6．二板市场和主板市场的投资对象和风险承受能力是不相同的，在通常情况下，二者不会相互影响。而且由于它们内在的联系，反而会促进主板市场的进一步发展壮大。

7．世界上几乎所有的创业板市场都明确表示鼓励高新技术企业或者成长型中小企业申请在创业板发行上市。

💬 理财箴言

投资者如果想要投资创业板，入市前一定先要"热身"，及时了解我国及世界科技产业发展的新趋势，认真阅读创业企业的投资价值报告。在投资策略上，切忌频繁买卖，好大喜功。

什么是股指期货

📃 要点导读

所谓股指期货，就是以股票指数为标的物的期货。双方交易的是一定期限后的股票指数价格水平，通过现金结算差价来进行交割。

实战解析

一般而言，股指期货合约中主要包括下列要素。

1. 合约标的

合约标的即股指期货合约的基础资产，比如沪深300指数期货的合约标的即为沪深300股票价格指数。如图4-19所示。

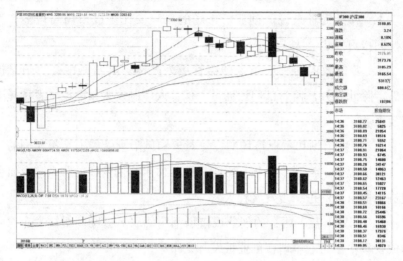

图4-19　沪深300指数期货的日K线走势

2. 合约的价格

每份股指期货合约的价格等于成交时指数的点位乘以一个固定金额，各有期货合约均有自己不同的标准。

3. 最小变动价位

各期货交易所不同股指期货合约的最小变动价位均有所不同。美国价值综合指数期货合约、标准普尔500指数期货合约、纽约综合指数期货合约的最小变动价位均为0.05点。香港恒生指数期货合约的最小变动价位为1点。

4. 每日价格波动限制

在1987年10月之前，股指期货合约普遍没有波动限制，但在1987年10月股灾之后，大多数股指期货合约均规定了每日价格波动限制。

5. 交收月份

分为两种情况，一种是以美国为代表的按3、6、9、12四个月进行循环交收；另一种是以香港为代表的当前月、当前月的下一月、随后的两个季月进行循环交收，如当前月为9月，则挂牌的期货合约有9月、10月、12月和3月，通常当前月和当前月的下一个月成交量最为巨大和活跃。

6．最后交易日和最后结算日

股指期货合约在最后结算日进行现金交割结算，最后交易日与最后结算日的具体安排根据交易所的规定执行。

💬 **理财箴言**

股指期货具有所有期货合约的共性，也有其自身的特殊性。其交易的对象不是实物商品，而是股票指数，和股市密切相关。

第五章 基金投资：借专家的头脑理财

认识证券投资基金

要点导读

> 我们现在说的基金通常指证券投资基金，它是一种利益共享、风险共担的集合证券投资方式。

实战解析

基金有广义和狭义之分，广义上是指管理和运作专门用于某种特定目的并进行独立核算的资金的机构或组织。这种基金组织，可以是非法人机构（如财政专项基金、高校中的教育奖励基金、保险基金等），可以是事业性法人机构（如宋庆龄儿童基金会、茅盾文学奖励基金会等），也可以是公司性法人机构。狭义上是指专门用于某种特定目的并进行独立核算的资金。这既包括各国共有的养老保险基金、退休基金、救济基金、教育奖励基金等，也包括中国特有的财政专项基金、职工集体福利基金、能源交通重点建设基金、预算调节基金等。

根据《中华人民共和国证券投资基金法》的规定，证券投资基金是通过公开发售基金份额募集资金，由基金管理人管理，基金托管人托管，为基金持有人的利益，以资产组合的方式进行证券投资。这实际上是将基金定义为一种"投资组织形式"，即通过基金这种组织形式来募集资金并进行集合证券投资。

💬 **理财箴言**

证券投资基金的运作是这样一个程序：（1）购买基金份额，并将其存放在指定的托管银行账户；（2）基金管理公司管理这些从不同投资者那里汇聚起来的资金；（3）基金管理公司管理汇聚起来的资金，基金管理公司利用其拥有的专业优势，将这些资金分散投资于证券市场上的各种证券；（4）投资所得的收益通过派发红利或再投资方式分配给投资者，投资损失也由投资者自己承担，基金管理公司在这个过程中收取一定的管理费用。

开放式基金

📋 **要点导读**

> 开放式基金包括一般开放式基金和特殊的开放式基金。开放式基金的交易主要有三个环节，即认购、申购和赎回。

💳 **实战解析**

1. 认购

认购是指投资人在规定的时间、地点，按照规定的价格和费用，并按照基金招募说明书和基金契约的有关规定，首次购买某一只基金的活动。认购时投资人一般要办理开户、填写相应的表格，并交纳足够的款项等手续，经确认后才有效。

2. 申购

申购是指投资人在该基金批准设立后，在规定的时间、地点，购买基金单位的活动。《开放式证券投资基金试点办法》第二十六条规定，"投资人申购基金单位时，必须全额缴付申购款项，款项一经交付，申购申请即为有效。"

3. 赎回

赎回是指投资人在规定的时间、地点，向基金管理公司卖出基金单位，收回现金的活动，是与申购相对应的反向操作过程。根据《开放式证券投资基金试点办法》第二十九条的规定，除证券交易所交易时间非正常停市、不可抗力等三种情形外，基金管理人必须接受投资人的赎回申请。

理财箴言

发生巨额赎回并延期支付时，基金管理人应当通过邮寄、传真或者招募说明书规定的其他方式，在招募说明书规定的时间内通知基金投资者，说明有关处理方法，同时在指定媒体及其他相关媒体上公告；通知和公告的时间，最长不得超过三个证券交易所交易日。

封闭式基金

要点导读

封闭式基金是指基金的发起人在设立基金时，限定了基金单位的发行总额，筹足总额后，基金即宣告成立，并进行封闭，在一定时期内不再接受新的投资。

实战解析

如果投资者所要买的基金是网上发行的，则投资者申购基金的程序主要分为两个步骤。

第一步，投资者在证券营业部开设股票账户（或基金账户）和资金账户，这就获得了一个可以买基金的资格。基金发行当天，投资者如果在营业部开设的资金账户存有可申购基金的资金，就可以到基金发售网点填写基金申购单申购基金。

第二步，投资者在申购日后的几天后，到营业部布告栏确认自己申购基金的配号，查阅有关报刊公布的摇号中签号，看自己是否中签。

若中签，则会有相应的基金单位划入账户。

　　基金的交易是在基金成立之后进行的买卖活动。封闭式基金一般是在证券交易所申请挂牌上市的。由于封闭式基金的封闭性，即买入的封闭基金是不能卖回给发起人的，投资者若想将手中的基金出手，只能通过证券经纪商再通过证券交易所的交易主机进行提取或转让给其他投资者；若想买入，也要通过证券交易所从其他投资者手中买进。

理财箴言

　　相对于开放式基金，封闭式基金的买卖手续比较简便，基本上跟买卖一般股票一样。需要注意的是，封闭式基金是按照市场的交易价格进行买卖，而这个市场价格跟基金的单位净值经常是不同的。

对冲基金

要点导读

　　对冲基金操作的宗旨，在于利用期货、期权等金融衍生产品以及对相关联的不同股票进行实买空卖、风险对冲的操作技巧，在一定程度上可规避和化解证券投资风险。

实战解析

　　按照不同的产生原因和操作策略，对冲基金可以分为以下六种类型。

　　1. 全球对冲基金

　　全球对冲基金侧重于以从下而上的方法在个别市场上挑选股票。与宏观基金相比，它们较少使用指数衍生工具。

　　2. 宏观对冲基金

　　这类对冲基金根据国际经济环境的变化利用股票、货币汇率等投资工具在全球范围内进行交易。老虎基金、索罗斯基金以及LTCM都属于典型的"宏观"基金。

3. 市场中性对冲基金

所谓的市场中性对冲基金就是指市场上某些股票的价格变化时，变化的幅度和时间不同，基金经理利用这种差别获取利润，并同时采用相互抵消的买空卖空手段以降低风险。

4. 事件驱动对冲基金

事件驱动对冲基金的投资者旨在利用每一次公司的特殊事件而获利，所以又称为"公司生命周期型投资"。这类对冲基金往往在上市公司出现重大事件时寻找投资机会，事件包括子公司或部门的独立、公司兼并、破产重组、资产重组和股票回购等。

5. 卖空对冲基金

此类基金经理专门寻找股价过高的股票或股票市场，希望在做空后股价下跌，从而从中获利。

6. 基金中的对冲基金

该类基金是投资于若干对冲基金里，即对多种对冲基金进行组合，目的是为了大幅度地降低风险并获得尽可能高的投资收益。该类基金一般风险适中，获得平均回报率，其最低投资额会比其他对冲基金低。

💬 理财箴言

经过几十年的演变，如今的对冲基金已失去其初始的风险对冲的内涵，对冲基金不再像其名称所标示的那样可以规避风险，反而成为一种高风险、高回报的投机基金。

ETF

📋 要点导读

ETF是交易所交易基金，是指可以在交易所上市交易的基金。其代表的是一揽子股票的投资组合，投资者通过購買基金，一次性完成一个投资组合（例如某个指数的所有成分股股票）的买卖。

实战解析

交易所交易基金有两种交易方式，一是投资者直接向基金公司申购和赎回。这有一定的数量限制，一般为5万个基金单位或者其整数倍，而且是一种以货代款的交易，即申购和赎回的时候，付出的或收回的不是现金而是一揽子股票组合。二是在交易所挂牌上市交易，以现金方式进行。与通常的开放式基金不同的是，交易所交易基金在交易日全天交易过程中都可以进行买卖，就像买卖股票一样，还可以进行短线套利交易。

ETF的创设与赎回是通过一揽子证券组合进行的，而不是以现金进行的。ETF即使部分投资者进行赎回，由于他们赎回的是股票，因此对长期投资者并无多大影响。ETF采用被动式管理，以某个市场指数为基准指数，通常是投资者熟悉和广泛认同的指数，采用完全复制或统计抽样等方法跟踪该基准指数。从这个意义上说，实际上它也是一种指数基金。但正是这种被动式的交易使得它可以不必负担庞大的投资和研究团队的支出，从而费用低廉，其管理费率甚至低于收费最低的指数共同基金。

ETF所挂牌的股票交易所的正常交易时间内以市价进行的，一天中可以随时交易，具有便利性。

理财箴言

由于机构投资者可以申购赎回，要求基金管理人公布净值和投资组合的频率相应加快，一般来说，ETF会每天公布投资组合的情况以便于基金单位的创设和赎回。

股票基金

要点导读

股票基金是以股票为投资对象的投资基金，通常其60%以上的基金资产都投资于股票，股票型基金是基金的主要种类。

实战解析

股票基金是按投资对象分类的基金的一种，作为一种投资工具，在股市中占有重要地位。在我国，股票基金在股市中占有重要的地位。相比其他基金来说，股票基金有这样的特点：股票基金的投资对象具有多样性，投资目的也具有多样性；投资少、费用低；流动性强、容易变现性；经营稳定、收益可观。

按基金投资的目的还可将股票基金分为资本增值型基金、成长型基金及收入型基金。资本增值型基金投资的主要目的是追求资本快速增长，以此带来资本增值，该类基金风险高、收益也高。成长型基金投资于那些具有成长潜力并能带来收入的普通股票上，具有一定的风险。股票收入型基金投资于具有稳定发展前景的公司所发行的股票，追求稳定的股利分配和资本利得，这类基金风险小，收入也不高。

按投资的对象股票基金可分为优先股基金和普通股基金，优先股基金可获取稳定收益，风险较小，收益分配主要是股利；普通股基金是目前数量最大的一种基金，该基金以追求资本利得和长期资本增值为目的，风险较优先股基金大。

按基金投资分散化程度，可将股票基金分为一般普通股基金和专门化基金，前者是指将基金资产分散投资于各类普通股票上，后者是指将基金资产投资于某些特殊行业股票上，风险较大，但可能具有较好的潜在收益。

由于股票的多样性，股票基金可选择的余地也较大，投资者可以根据自己的需求选择适合自己的股票基金。

理财箴言

股票基金的风险比股票投资的风险低。因而，收益较稳定。不仅如此，封闭式股票基金上市后，投资者还可以通过在交易所交易获得买卖差价。基金期满后，投资者享有分配剩余资产的权利。

债券基金

要点导读

债券基金是指全部或大部分投资于债券市场的基金。这种类型的基金是一种风险相对偏低的基金品种。

实战解析

由于债券基金投资于债券基金的比例不同，又可以分两种不同的类型。全部投资于债券，可以称其为纯债券基金，例如华夏债券基金；假如大部分基金资产投资于债券，少部分可以投资于股票，可以称其为债券型基金，例如南方宝元债券型基金，其规定债券投资占基金资产45%～95%，股票投资的比例占基金资产0～35%，股市不好时，则可以不持有股票。

债券基金具有较高的流动性，当投资者在遇到紧急情况或是更富有吸引力的投资机会时，它还可以提供必要的现金储备。不论是政府发行的债券，还是公司发行的债券，不仅要按照规定支付利息，而且最终还要归还本金，因此，投资债券基金比投资股票基金具有更高的安全性，波动较少。

由于债券基金投资的产品收益都很稳定，相应的基金的收益也很稳定，当然这也决定了其收益受制于债券的利率，不会太高。目前的企业债年利率在4.5%左右，扣除基金的运营费用，可保证年收益率在

3.3%～3.5%。

💬 **理财箴言**

　　债券型基金是一种风险相对偏低的基金品种，因为不论是政府发行的债券，还是公司发行的债券，不仅要按照规定付息，而且最终还要归还本金。但是风险低的投资工具，其回报率往往也是低的，所以债券基金的回报率，一般来说比股票基金低，但比货币市场基金和保本基金要高。

货币市场基金

📋 **要点导读**

> 　　货币市场基金是指通过某些特定发起人成立的基金管理公司，通过出售基金凭证单位的形式募集资金，统一投资于那些既安全又富有流动性的货币市场工具，因而是专门以货币市场为投资组合领域和对象的共同基金投资方式，是共同基金的一种，有时也简称货币基金。

📇 **实战解析**

　　货币市场基金主要投资于国库券、商业票据、银行定期存单、政府短期债券等短期货币工具，具有良好的稳定性，风险较低，其特点具体表现在以下几方面。

　　货币市场基金均是开放式基金，可以满足投资者随时提现的需要，因此被视为无风险或低风险投资工具，适合资本短期投资生息以备不时之需，特别是在利率高、通货膨胀率高、证券流动性下降、可信度降低时，可使本金免遭损失。

　　货币市场基金与其他基金最主要的不同在于基金单位的资产净值是固定不变的，通常是每个基金单位1元。投资者投资货币市场基金后，其收益是通过基金份额的不断累积来体现的，同时投资者可利用收益再投资，增加所拥有的基金份额。如投资者以100元投资于某货币市场基金，可拥有100个基金单位。一年后，若投资报酬率是8%，那么该投资者就多了8个基金单位，总共为108个基金单位，价值108元。

💬 理财箴言

货币市场基金的低风险并不是没有风险，其风险有：一是通货膨胀风险，当通货膨胀率超过短期资金市场利率时，投资收益风险就会凸显；二是巨额赎回风险，因各类市场因素的变化，基金的开放性特征可能会导致投资者大量卖出基金份额，从而造成基金净额下降或是基金的终止清算，此时，投资者所获得的收益往往会低于其预期值。

QDII

📋 要点导读

> QDII是Qualified Domestic Institutional Investor (合格境内机构投资者)的首字缩写。通过购买QDII基金等形式，老百姓可以以相对较低的成本和更灵活的方式投资国外资本市场，分享全球资本市场的收益。

💳 实战解析

QDII是指合格的境内机构投资者，简单地说，就是通过募集投资者的资金，投资到海外资本市场的证券经营机构。为了防止短期资本跨境流动对中国经济造成冲击，政府采取了逐步开放资本市场的策略，初期只允许一部分有能力、运作规范的机构（即合格的机构投资者，如基金管理公司）在一定外汇额度范围内进行海外投资。

QDII基金是指基金公司发行的投资海外证券市场的基金。QDII产品主要适合具有一定风险分散需求，并希望参与境外市场投资的个人和机构。具体包括：一是希望规避A股市场单一投资的系统性风险，在全球范围内进行资产配置的投资者；二是希望拓宽投资渠道和丰富投资品种，分享境外市场投资收益的投资者。

对老百姓来说，通过购买基金的方式，就可实现海外投资，简单又方便。

💬 **理财箴言**

就投资者资产配置而言，投资QDII基金是降低投资系统性风险的一个很好的途径。投资QDII基金，有利于进一步降低投资者整个资产组合的风险。

LOF

📋 **要点导读**

上市开放式基金的英文简称为LOF。LOF基金是指通过深交所交易系统发行并上市交易的开放式基金。

💳 **实战解析**

LOF基金与其他基金最大的不同之处是投资者既可以选择在银行等代销机构按当日收市的基金份额净值申购、赎回，也可以选择在深交所各会员证券营业部按撮合成交价买卖，简单地说，它是一种跨市场基金。我们可以利用它的这一特性进行跨市场套利。

LOF的问世为投资者带来新的跨市场套利机会。由于在交易所上市，又可以办理申购赎回，所以二级市场的交易价格与一级市场的申购赎回价格会产生背离，由此产生套利的可能。当LOF的网上交易价格高于基金份额净值、认购费、网上交易佣金费和转托管费用之和时，网下买入网上卖出的套利机会就产生了。同理，当某日基金的份额净值高于网上买入价格、网上买入佣金费、网下赎回费和转托管费用之和时，就产生了网上买入网下赎回的套利机会。

LOF兼具封闭式基金交易方便、交易成本较低和开放式基金价格贴近净值的优点。投资者既可以通过基金的代销或直销网点进行一般开放式基金的申购赎回，也可以通过二级市场买卖已存在的基金份额。

💬 **理财箴言**

LOF基金投资者如果是在指定网点申购的基金份额，想要网上抛出，须办理一定的转托管手续；同样，如果是在交易所网上买进的基金份额，想要在指定网点赎回，也要办理一定的转托管手续。

FOF

📃 **要点导读**

> FOF是一种专门投资于其他证券投资基金的基金。

📰 **实战解析**

1. 基金组合配置随行就市

当判断股票市场即将进入牛市或将持续牛市格局时，基金组合中将以配置成长型股票基金、股票指数基金为主，精选牛市中历史业绩优良且投资组合BETA值高的基金进行重点投资；相对降低固定收益类基金的配置比例。

当判断股票市场即将进入熊市或将持续熊市格局时，基金组合中将以配置固定收益类基金、价值型股票基金为主，精选投资风格稳健的基金进行重点投资；对股票指数基金、在熊市中历史业绩较差且BETA值较高的股票基金进行重点减持。

2. 银行收益与产品业绩挂钩

为了体现产品的公正性及对投资业绩的自信性，该类产品设计业绩报酬上是将银行的收益体现在业绩报酬上，产品到期后收益率必须大于N，银行才能有收益，否则银行没有收益，产品到期后收益率大于N的部分，银行和投资者按照约定好的比例分成。

各家银行该类产品的预期收益因产品投向不同大约在10%～50%之间。同时该产品流动性强，除开始前三个月为封闭期外，每月客户均可赎回。同时，FOF产品是基金类银行投资理财产品，就是非保本非固定收益型，投资者也要考虑风险问题。

💬 理财箴言

FOF并不直接投资股票或债券，其投资范围仅限于其他基金，通过持有其他证券投资基金而间接持有股票、债券等证券资产，它是结合基金产品创新和销售渠道创新的基金新品种。

基金的投资风险

📃 要点导读

> 有投资就有风险，这是一条无可逆转的规律。投资基金的风险相对较小，但并不表明没有风险，比如，政策风险、经济周期风险、市场风险、利率风险、财务风险、上市公司经营风险等这些受外界影响的因素，则是难以回避的。

🗂 实战解析

1. 政策风险

政策风险是指因国家宏观政策（如货币政策、财政政策、行业政策、地区发展政策等）发生变化，导致市场价格波动而产生风险。

2. 经济周期风险

经济周期风险是指随着经济运行的周期性变化，各个行业及上市公司的盈利水平也呈周期性变化，从而影响到个股乃至整个行业板块的二级市场的走势。

3．市场风险

市场风险是指基金净值或价格因为投资标的市场价格波动而随之起伏所造成的投资损失。这个市场包括股票市场、货币市场、债券市场等。如中国A股在2001年由于市场热炒上涨到2245点，市场的平均市盈率一度达到60倍以上，之后便一路下滑至998点，下跌幅度达到55.55%，许多基金在这期间出现亏损。另外，不同国家的政治、经济变化，也是基金潜在的市场风险。

4．利率风险

利率风险是指市场利率的波动会导致证券市场价格和收益率的变动。利率直接影响着国债的价格和收益率，影响着企业的融资成本和利润。基金投资于国债和股票，其收益水平会受到利率变化的影响。

5．财务风险

与所投资的股票、债券，与所投资的各个企业的经营状况紧密相连。企业经营不善，会对投资人带来风险。

6．购买力风险

购买力风险是指基金的利润将主要通过现金形式来分配，而现金可能因为通货膨胀的影响而导致购买力下降，从而使基金的实际收益下降。

7．上市公司经营风险

如果基金所投资的上市公司经营不善，其股票价格可能下跌，或者能够用于分配的利润减少，使基金投资收益下降。

💬 理财箴言

有投资就有风险，这是一条无可逆转的规律。投资基金是由拥有专业知识和技术手段的专业人士进行理性操作，同时，投资基金管理机构内部具有一系列规章制度，可以比较有效地规范内部操作。

怎样申购基金

📋 要点导读

> 基金申购是指投资者到基金管理公司或选定的基金代销机构开设基金账户，按照规定的程序申请购买基金份额的行为。

📖 实战解析

申购基金份额的数量是以申购日的基金份额资产净值为基础计算的，具体计算方法须符合监管部门有关规定的要求，并在基金销售文件中载明。下面对申购基金的步骤进行详细的介绍。

1. 开户

首先准备一张银行卡，最好已经开通网银了。然后在想要购买基金的那家基金公司，在它的网站上找到"网上交易"，进入页面后找到"开立新户"。然后按照提示进行操作（注意填写真实资料）。到了确认支付方式时，会自动跳转到你填写的那家银行的网页上，一般会提示使用"客户证书"或"电子支付卡"支付。如果你有网银，选"客户证书"支付，没有的可以选电子支付卡。输入支付密码，确认支付成功，一般会自动跳转到基金公司网站，如果没跳转，你可以点"通知客户支付成功"，也会转回来。回到基金公司网站，接着填写完资料提交就可以了。这时候，它会提示你的交易账号会在T+N开通，你可以查询。交易账号用来登录系统交易的证书，由于基金公司同时提供身份证登录方式，比这个更好记。

2. 第一次交易

开好账户后可以马上交易了。在基金公司网站上找到"网上交易"，填写你的身份证（或其他开户证件），密码填写你开户时留的交易密码。然后，点申购，找到你想买的基金，直接填写申购金额，费用支付方式一般选先付。填写完毕，提交付款，付款时会自动跳转到你绑定的那张银行卡上，和确认支付方式一样，选择合适的支付方式进行支付就可以了。支付完毕，注意保留交易流水号，这是你一旦出现意外时和基金公司交涉的证据。只有付款成功的交易才是有效的交易，只提申请而没付款或者付款时出现意外的，都视为交易失败。

💬 **理财箴言**

申购成功之后，投资者要注意查询申购基金份额，一般会在第二个交易日查询到你申购的基金份额。所谓的交易日，就是你提出申请的那一天。

怎样赎回基金

📋 **要点导读**

基金赎回是指申请将手中持有的基金单位按公布的价格卖出并收回现金的一种习惯上的称呼。

💳 **实战解析**

基金的赎回，就是卖出。上市的封闭式基金，卖出方法同一般股票。开放式基金是以你手上持有基金的全部或一部分，申请卖给基金公司，赎回你的价金。赎回所得金额，是卖出基金的单位数，乘以卖出当日净值。

基金赎回的程序，对于机构投资者和个人投资者是不同的。机构投资者：（1）填好的《开放式基金赎回申请表》，并加盖预留印鉴；（2）基金管理有限公司基金账户卡；（3）经办人身份证明原件。个人投资者到直销点办理赎回业务应携带以下材料：（1）本人或代办人身份证件原件（身份证、军人证或护照）；（2）基金管理有限公司基金账户卡；（3）填妥的《开放式基金赎回申请表》。

基金赎回的注意事项：（1）投资者应按《基金招募说明书》规定

的程序办理相关事项；（2）一个投资者在一家基金管理有限公司只能开立一个基金账户；（3）直销网点首次最低申购金额一般有固定的限额（单位为人民币），追加申购的最低金额一般也有限额，并且不设级差限制（但已在任一销售网点认购过该基金单位的投资者不受首次最低申购金额的限制）；（4）赎回的最低份额一般有固定的限额（单位为人民币），并且不设级差限制，基金持有人可将其全部或部分基金单位赎回，但某笔赎回导致在一个网点的基金单位余额少于一定份额时，余额部分基金单位必须一同赎回。

⊙ 理财箴言

基金单个开放日，基金赎回申请超过上一日基金总份额的10%时，为巨额赎回。巨额赎回申请发生时，基金管理人可选择全额赎回和部分赎回两种方式处理。

通过二级市场交易

📃 要点导读

> 所谓的二级市场是相对于一级市场而言的，是指流通市场上已发行股票或基金进行买卖交易、转让的市场。

🗄 实战解析

在二级市场交易的基金，主要包括封闭基金、ETF、LOF。在二级市场上，办理申购和赎回业务的办理，可以在购买的基金公司办理赎回业务，可通过场内或场外办理。如你所在证券公司有代销基金资格和场内申、赎基金资格，可直接办理该基金的赎回业务。否则需要转托管到场内其他有这两个资格的证券公司办理场内赎回，或办理跨系统转托管业务将基金转到场外证券公司或银行办理赎回。转托管业务由你所在的证券公司办理，费用情况请直接咨询证券公司。

相比较在一级市场申购的普通开放式基金，客观上具有费用率优势，但是如果不了解二级市场中基金的费率结构和细节，交易费用甚至可能高于打折后的一级市场申购费用。交易费用以深沪两大交易所上市的基金交易为例，如表5-1所示。

表5-1 上海与深圳证交所基金费用标准比较

上海证券交易所			深圳证券交易所		
交易品种	费用项目	费用标准	交易品种	费用项目	费用标准
封闭式基金ETF	佣金	不超过成交金额的0.3%，起点5元	基金	佣金	不得高于成交金额的0.3%，也不得低于代收的证券交易监管费和证券交易经手费，起点5元
	经手费	成交金额的0.0045%		经手费	成交金额的0.00975%
	证管费	成交金额的0.004%		证管费	成交金额的0.004%
	证券结算风险基金	成交金额的0.003%，仅对成纳期未满一年的结算参与从计收		证券结算风险基金	由交易所自行计提，不另外收取

理财箴言

基金的交易费用，已经越来越被投资者所关注，就二级市场交易而言，对交易费用影响最大的是佣金，其他费用（包括经手费、证管费、证券结算风险基金）实际上包含在佣金中，不重复征收。

评估基金业绩的方法

要点导读

正确地评价基金的业绩也是做好基金投资的准备工

作之一，投资基金就是挑选基金，而选基金就是要选业绩
表现好的基金。

📇 **实战解析**

通常参照以下几个指标可以评判基金的业绩表现。

1. 净资产总值

基金总资产是依照基金投资组合中的现金、股票、债券及其他有
价证券的实际总价值来计算的。其计算方法为：

净资产总值=总资产－总负债

2. 单位净值变化

单位净值（NAV）是每份基金单位用人民币衡量的价值。单位净
值的变化可以反映出一只基金的运作状况，可以成为评价基金业绩表现
的一个指标。

$$\frac{基金净值}{基金份额}=单位净值$$

3. 投资报酬率

投资报酬率是投资者在持有基金的一段时期内，基金净资产价值
的增长率。其计算方法如下：

$$投资报酬率=\frac{期末净资产总值－期初净资产总值}{期初净资产总值}\times100\%$$

通过上述公式，投资者很容易计算出持有基金期间基金的投资报
酬率。

对于开放式基金的投资者来说，如果其投资基金所得的利息和股
息不提出来，而是投入基金进行再投资，则计算投资报酬率时还需加入
这两个因素，即：

$$投资报酬率=\frac{期末净资产总值－期初净资产总值＋利息＋股利}{期初净资产总值}\times100\%$$

4. 基金回报率

对投资者而言，计算总回报时将一段时期内发生的基金增值，股息、投资损失及投资费用全部记录下来比较烦琐，因此基金回报率的简便公式为：

$$投资报酬率 = \frac{期末持有基金份数 \times 期末Vn - 期初持有基金份数 \times 期初Vn}{期初持有基金份数 \times 期初Vn}$$

其中，Vn 表示净资产值。

与计算投资报酬率不同的是，它将基金持有量的变化因素也考虑在内，因为投资者可以将这期间所获得的股利或股息再用来购买基金，所以可以更加准确地从另一角度来反映基金的业绩情况。

5. 净资产价格比

净资产价格比反映的是在某一时点基金的净资产与价格的比值，该比值越大，说明基金的价格越低，值得投资，可用于从几个基金中进行选择，尤其是在分红派息日前更具可比性。其计算公式为：

$$净资产价格比 = \frac{单位基金的净资产}{单位基金的市场价格}$$

6. 收益价格比

收益价格比是以基金过去的业绩（单位基金收益）来估算，比较不同基金的价值。收益价格比是考虑将来收益的比较，是动态的，与净资产价格比这一静态比较方法一样，比率越大越说明基金的业绩越好。公式为：

$$收益价格比 = \frac{单位基金净值 \times (过去平均净值收益率 + 1)}{基金单位市价}$$

其中，过去平均净资产收益率可以根据投资者偏好来决定。如三年平均、四个季度平均或牛市、熊市平均等，但不同基金进行比较时应采用相同标准和时期。

💬 **理财箴言**

评价基金的业绩也需要一定的方法和标准，不能"跟着感觉走"，否则就会真的"牵着梦的手"，梦醒之后一场空，一无所有。

基金公司的选择

📋 **要点导读**

> 在选择值得投资的基金时，选择一家诚信、优秀的基金管理公司，应该对基金管理公司的信誉、以往业绩、管理机制、人力资源、规模等方面有所了解。

📇 **实战解析**

下面是几个可以用来判断基金管理公司好坏的依据。

1. 历年来的经营业绩

基金管理公司的内部管理，基金经理人的投资经验、业务素质和管理方法，都会影响到基金的业绩表现。对于基金投资有一套完善的管理制度及注重团队合作的基金管理公司，决策程序往往较为规范，行动也更为科学，可以最大限度地减少随意性。在这种情况下，他们以往的经营业绩较为可靠，也更具持续性。

2. 优秀的投资团队

从长远来看，从基金管理的规律来看，注重团队精神和集体智慧，其决策往往比较连贯、稳定，也更有利于取得持续的优良业绩。

3. 规范的管理和运作

一个管理和运作都规范的公司应当有着良好的信誉，它的股权结构的分散程度、独立董事的设立及其地位等应当合理，它对旗下基金的管理、运作及相关信息的披露应当全面、准确、及时，应当没有明显的违法违规记录。

4. 基金公司的形象、信誉和服务质量

封闭式基金的市场形象主要通过旗下基金的运作和净值增长情况体现出来。开放式基金的市场形象还会通过营销网络分布、申购与赎回情况、对投资者的宣传等方面体现出来，在投资开放式基金时除了考虑基金管理公司的管理水平外，还要考虑到申购与赎回的方便程度以及基金管理公司的服务质量等诸多因素。

5. 基金公司的投资风格与专长

选择专长与投资者的投资方向一致的基金公司才是明智的。此外，同样是在某一类基金管理中表现优秀的基金公司，其投资风格也有很大的不同。投资者在进行投资决策时还应该明辨各基金公司的专长与投资风格，进行有针对性的投资。

6. 第三方机构的评级

国内的基金评级业主要有三种类型：一类是晨星、理柏等外资资深评级机构，评级方法比较成熟；第二类是以银河证券为代表的券商评级体系；第三类是独立理财机构发布的基金评级，如展恒开放式基金评价体系。通过第三方机构的评级，投资者可以对基金公司运作的基金有一个更加准确的了解，进而判断其是否值得信赖。

💬 **理财箴言**

基金公司对于市场的判断也会影响规模。如果对市场估计不对，基金发行规模大，和市场不匹配，就容易出现没有好的投资品种，资金容易出现闲置；而如果规模过小，则容易错过一些好的投资机会。

基金交易中的止损和止盈

📑 **要点导读**

> 基金若未能适时获利了结，过一段时间走势转换，收益也会大幅缩水；在高点介入的人，若未能适时忍痛出场，会被套牢，动弹不得。因此，设定适当的基金止损点

和止盈点是十分必要的。

📇 实战解析

设定止损点的意思是，要想一想你自己可以忍受这笔投资亏损多少，例如说投资10万元，如果你觉得这笔钱亏损到剩下9万元就会无法原谅自己，那么，你的止损点就是10%。

止盈点的设定也一样，可以算一下自己这笔投资赚了多少钱，你就满足了。说实话，一笔投资换算下来，如果一年的报酬率达到银行一年期定存的两倍，就可以称之为一次成功的投资。如果达到15%以上，应该算是相当不错的成绩。对于自己的投资状况时常进行检视，可以避免让自己暴露在太大的风险之下。

基金投资的重点在于完整的"资产配置"，搭配投资过程中要进行灵活调整，这样才能有效提高投资的胜算。投资者在选择基金投资前，应该会有一定的回报期望与可承受的亏损程度、理财目标等，即使打算长期投资10年，期间也应该依据自己的投资需求来设定止盈点和止损点。

设定获利点和止损点的参考依据很多，一般而言，投资人可以结合自身的风险承受度、获利期望值、目前所处年龄阶段、家庭经济状况以及所在的市场特征加以考虑，同时要定期检查投资回报情况，这样才能找出最适合自己的投资组合的获利及止损区间。不同的基金由于属性不同，设定的幅度也应随之调整。例如波动性较大的基金，可承受的下跌空间应较大，同样也可期待较高的收益，此时止损点和止盈点就可设定较大的幅度。相对操作策略较稳健保守的基金，则不应设定太高的获利期望值。设定止损点后，就要定期观察投资组合的收益变化，才能把握和调节时机。

设定与执行止损点及获利点的另一个简单方法是，根据股市历史波段的表现，再衡量自己的投资属性，就可以找出最适合自己投资组合的获利及止损区间。因此，一般股票型基金投资人，如果选择一只长期表现还算稳定的基金，只要掌握长期波段表现，就可以将股票的波段循环周期与涨跌表现作为设定获利点及止损点的参考依据之一。

💬 **理财箴言**

　　基金投资虽然不应像股票一样短线进出，但如果标的市场存在长期干扰因素。基金的长短期表现也不会太好时，适度转换或调整投资组合是非常必要的。

选购基金有诀窍

📑 **要点导读**

　　与进行任何投资是一样的，购买基金是有技巧的，选购基金也是需要掌握一定的诀窍的，只有掌握了一定的绝招才可能取得更好的收益。

💳 **实战解析**

　　1. 预留"生活费"

　　投资基金所用资金应当是投资者的闲余资金，应在保证有足够的生活所用和一定的流动资金可供支配的基础上再投资基金，切莫将所有资金都用来投资基金。

　　2. 后端收费经济实惠

　　通常后端收费的补交费用会随着持有基金时间的延长而减少，投资者在选择基金时最好选择后端收费的方式，更加经济实惠，省下来的申购费自然是落入投资者自己的腰包了。

　　3. 长期持有才能赚

　　投资者一旦看准了某个基金，最好长期持有，而不要一看到市场上有什么风吹草动就急于脱手，那样往往不会有什么大的收获。

　　4. 网上买基金多、快、好、省

现在工行、招行等金融机构都推出了"网上基金"业务，而且由于网上服务成本低，基金费率打折优惠幅度较大，为投资者节省较多的手续费。

5. 在多种基金中进退自如

很多基金投资者都选择不仅一只基金，而是多只基金，这时做好基金的投资组合就十分重要，选好组合可以帮你降低风险，提高收益。

6. 用基金分红再投资

基金投资者可以选择两种分红方式，一种是现金红利，另一种是红利再投资。红利部分将按照红利派现日的每单位基金净值转化为基金份额，增加到投资者账户中。

💬 **理财箴言**

掌握了技巧做起来才会更加轻松，更加自若，才能用最少的精力获取最大的收益。

巧打四个"时间差"

📜 **要点导读**

在人们实际购买基金时，需要具有时间管理的意识，而缺乏时间管理的方法。主要表现在对基金产品的购买时点、资金组合等缺乏应有的时间观念，不能巧打"时间差"，从而错过了很多获取收益的机会。

💳 **实战解析**

随着人们工作、生活节奏的加快，在投资理财中，除了追求稳定收益外，方便快捷并能创造时间价值已经引起投资者的重视。投资者要打好如表5-2所示的几个时间差。

表5-2 投资基金巧打时间差一览表

项目	解析
认购期和申购期的"时间差"	开放式基金其认购期一般为一个月，而建仓却需要三个月
	从购买到赎回，投资者需要面临一个投资的时间跨度，这为投资者选择申购、赎回时点进行套利，创造了"时间差"
	对于偏好风险的投资者来说，只要掌握了股票型基金的建仓特点，就能获取不菲的基金建仓期收益
前端和后端收费的"时间差"	为了鼓励基金持有人持有基金时间更长，同时增强基金持有人的忠诚度，各家管理公司在基金的后端收费上设置了一定的灵活费率
	随着基金持有人持有基金时间越长而呈现后端收费的递减趋势
	对于资金量小，无法享受认购期大额资金费率优惠的，不妨选择交纳后端收费的方式，做一次长期价值投资
价格与净值变动的"时间差"	对于封闭式基金而言，交易价格和净值波动价格是随时变动的
	交易价格的变动和净值的变动没有一定的波动规律，但在交易价格与基金净值之间却存在一定的联动关系。即封闭式基金的交易价格与净值之间的价差越大时，其折价率就越高
	这为进行交易价格和净值之间进行套利的投资者提供了"时间差"
场内与场外转换的"时间差"	在基金的投资品种中，有一种LOF、ETF基金既可以进行场内的正常交易买卖
	还可以进行场外的申购、赎回，并存在多种套利机会
	怎样研究分析和把握套利时点，对投资者购买此项基金是十分重要的

💬 **理财箴言**

投资者只要善于把握不同基金产品的特点，捕捉基金产品投资中的机会，就能因巧打"时间差"带来获利机会。

第六章 债券投资：稳中有盈

如何投资债券

> 债券是政府、金融机构、工商企业等机构直接向社会借债筹措资金时，向投资者发行，并且承诺按一定利率支付利息并按约定条件偿还本金的债权债务凭证。

📇 **实战解析**

1. 偿还性

在历史上只有无期公债或永久性公债不规定到期时间，这种公债的持有者不能要求清偿，只能按期取得利息。而其他的一切债券都对债券的偿还期限有严格的规定，且债务人必须如期向持有人支付利息。

2. 流动性

流动性是指债券能迅速和方便地变现为货币的能力。目前，几乎所有的证券营业部或银行部门都开设有债券买卖业务，且收取的各种费用都相应较低。如果债券的发行者即债务人资信程度较高，则债券的流动性就比较强。

3. 安全性

安全性是指债券在市场上能抵御价格下降的性能，一般是指其不跌破发行价的能力。债券在发行时都承诺到期偿还本息，所以其安全性一般都较高。

4. 收益性

债券的收益性是指获取债券利息的能力。因债券的风险比银行存款要大，所以债券的利率也比银行高，如果债券到期能按时偿付，购买债券就可以获得固定的、一般是高于同期银行存款利率的利息收入。

💬 **理财箴言**

债券的本质是债的证明书，具有法律效力。债券购买者与发行者之间是一种债券债务关系，债券发行人即债务人，投资者（或债券持有人）即债权人。

债券分哪几类

📑 **要点导读**

> 债券的种类繁多，且随着人们对融资和证券投资的需要又不断创造出新的债券形式，在现今的金融市场上，按不同的标准可把债券分为不同的类型。

📇 **实战解析**

1. 按发行主体分类

（1）政府债券是由政府发行的债券。其发行债券的目的就是为了弥补财政赤字或投资于大型建设项目。

（2）金融债券是指由银行或其他金融机构发行的债权债务凭证。

（3）公司债券是由公司发行的一种债务凭证。

2. 按发行的区域分类

（1）国内债券，就是由本国的发行主体以本国货币为单位在国内金融市场上发行的债券。

（2）国际债券则是本国的发行主体到别国或国际金融组织等以外国货币为单位在国际金融市场上发行的债券。

3．按期限长短分类

根据偿还期限的长短，债券可分为短期、中期和长期债券。一般的划分标准是期限在1年以下的为短期债券，期限在10年以上的为长期债券，而期限在1年到10年之间的为中期债券。

4．按利息的支付方式分类

（1）附息债券是在它的券面上附有各期息票的中长期债券。

（2）贴现债券是在发行时按规定的折扣率将债券以低于面值的价格出售，在到期时持有者仍按面额领回本息，其票面价格与发行价之差即为利息。

（3）普通债券，它按不低于面值的价格发行，持券者可按规定分期分批领取利息或到期后一次领回本息。

5．按发行方式分类

公募债券是以非特定的社会公众投资者为发行对象的债券。国债发行一般采取公募方式。私募债券是发行者向与其有特定关系的少数投资者为募集对象而发行的债券。

6．按有无抵押担保分类

（1）信用债券是仅凭债券发行者的信用而发行的、没有抵押品作担保的债券。

（2）抵押债券是以实物资产作为抵押而发行的债券，可用于抵押的资产包括动产、不动产与信誉较好的证券等。

7．按是否记名分类

（1）记名债券是指在券面上注明债权人姓名，同时在发行公司的账簿上作同样登记的债券。

（2）无记名债券是指券面未注明债权人姓名，也不在公司账簿上登记其姓名的债券。现在市面上流通的一般都是无记名债券。

8．按发行时间分类

新发债券指的是新发行的债券，这种债券都规定有招募日期。既发债券指的是已经发行并交付给投资者的债券。新发债券一经交付便成为既发债券。在证券交易部门既发债券随时都可以购买，其购买价格就是当时的行市价格，且购买者还需支付手续费。

9. 按是否可转换来区分

债券又可分为可转换债券与不可转换债券。可转换债券是能按一定条件转换为其他金融工具的债券，而不可转换债券就是不能转化为其他金融工具的债券。

理财箴言

投资者了解了各种债券的不同类型之后，可以结合自己的实际情况以及心理承受能力来选择适合自己的债券进行投资。

影响债券价格波动的方方面面

要点导读

从债券投资收益率的计算公式R=[M(1+rN)-P]/Pn，可得债券价格P的计算公式P=M(1+rN)/(1+Rn)，其中M是债券的面值，r为债券的票面利率，N为债券的期限，n为待偿期，R为买方的获利预期收益，其中M和N是常数。

实战解析

1. 待偿期

债券的待偿期愈短，债券的价格就愈接近其终值（兑换价格）M(1+rN)，所以债券的待偿期愈长，其价格就愈低。

2. 票面利率

国债的价格本身就是利率变动的另一种反映形式，债券的期权性质决定债券市场是接受利率政策调整影响最快也是最直接的市场，也是传导利率政策调整信号最主要的渠道之一，更是发现利率的主要机制。

3. 投资者的获利预期

跟随市场利率而发生变化的，若市场利率调高，获利预期R也高涨，债券的价格就下跌；若市场的利率调低，则债券的价格就会上涨。

4. 企业的资信程度

发债者资信程度高的，其债券的风险就小，因而其价格就高；而资信程度低的，其债券价格就低。所以在债券市场上，对于其他条件相同的债券，国债的价格一般要高于金融债券，而金融债券的价格一般又要高于企业债券。

5. 供求关系

债券的市场价格还决定于资金和债券供给间的关系。在经济发展呈上升趋势时，市场的资金趋紧而债券的供给量增大，从而引起债券价格下跌。而当经济不景气时，增加对债券的投入，引起债券价格的上涨。而当中央银行、财政部门、外汇管理部门对经济进行宏观调控时也往往会引起市场资金供给量的变化。

6. 物价波动

当物价上涨的速度轻快或通货膨胀率较高时，人们出于保值的考虑，一般会将资金投资于房地产、黄金、外汇等可以保值的领域，从而引起资金供应的不足，导致债券价格的下跌。

7. 政治因素

政治是经济的集中反映，作用于经济的发展。

8. 投机因素

在债券交易中，人们总是想方设法地赚取价差，而一些实力较为雄厚的机构大户就会利用手中的资金或债券进行技术操作，如拉抬或打压债券价格从而引起债券价格的变动。

💬 理财箴言

了解了影响债券的价格因素之后，才能结合这些因素适时地买进或者卖出债券，并赢取最大收益。

收益与风险结伴而行

要点导读

> 有投资就有风险，这是一条无可逆转的规律。虽然债券是还本付息的有价证券，但是债券投资仍然存在风险。

实战解析

1．信用风险

它主要表现在企业债券的投资中，企业由于各种原因，存在着不能完全履行其责任的风险。

2．利率风险

利率风险是指利率的变动导致债券价格与收益率发生变动的风险。

3．购买力风险

购买力是指单位货币可以购买的商品和劳务的数量，在通货膨胀的情况下，货币的购买力是持续下降的。

4．变现能力风险

变现能力风险是指无法在短期内以合理的价格卖掉资产的风险。

5．收回风险

一些债券在发行时规定了发行者可提前收回债券的条款，这就有可能发生债券在一个不利于债权人的时刻被债务人收回的风险。

6．违约风险

违约风险是指发债公司不能完全按期履行付息还本的义务，它与发债企业的经营状况和信誉有关。

理财箴言

了解了投资债券存在的风险之后，投资者在投资的过程中就会更加自信，而且可以通过一定人为因素的操作将风险降到最低。

债券转让价格计算

> 对于债券转让价格的计算，其决定因素是转让者和受让者所能接受的利率水平即投资收益率。

📇 **实战解析**

对于到期一次偿还本息的债券，根据购买债券收益率的计算公式，其价格计算公式为：

$$P = M(1 + rN)/(1 + Rn)$$

其中面值M、票面利率r、期限N和待偿期n都是常数，债券的转让价格取决于利率水平R，若为分次付息债券，则其价格的计算公式为：

$$P = M(1 + rn)/(1 + Rn)$$

由于买方所能接受的利率水平一般是和市场相对应，若市场利率高调，债券的转让价格就有可能低于转让方的债券购买价格，转让方就会发生亏损。若转让方坚持以持有债券所要达到的收益水平转让债券，则其价格可根据转让债券的投资收益率计算公式变换为：

$$P_1 = P(1 + Rn_1) - L$$

其中P_1为转让价，P为转让者购买该债券时的价格，R为转让者持有债券期间的收益水平，n_1为持有期，L为在持有期所取得的利息。R愈高，则其转让价格就愈高。

💬 **理财箴言**

一般来说，债券的转让价格还是取决于买方，因为往往是卖方急于将债券兑现，而买方往往容易在债市上买到和当前市场利率水平相当的债券。

从信用等级看债券的价值

要点导读

> 债券信用等级是指根据证券评估机构对所发行债券按期还本付息及其风险程度进行综合评价，而得出的债券质量优劣的等级。

实战解析

国际上流行的债券等级是3等9级。AAA级为最高级，AA级为高级，A级为上中级，BBB级为中级，BB级为中下级，B级为投机级，CCC级为完全投机级，CC级为最大投机级，C级为最低级。

按照投资风险依次加大，信用等级由高到低进行排列，有：AAA、AA、A；BBB、BB、B；CCC、CC、C。不同国家，不同评估机构，评估依据的指标体系不同，各级别的含义也不同，但出入相差不大，各级别意义参见表6-1所示。

表6-1 债券信用等级表

等级	级别含义
AAA	有极高的还本付息能力，投资者无风险
AA	有很高的还本付息能力，投资者基本无风险
A	有较高的还本付息能力，投资风险较小，有可能按期还本付息，但也有可能受经济形势变化的影响
BBB	有一定还本付息能力，但一旦经济形势发生变化，偿债能力可能削弱，投资者有一定风险，常需采取一定的保护措施来防范投资风险
BB	债券到期还本付息资金来源不足，发债企业对经济形势变化的应变能力差，有可能到期支付不了本息，投资风险较大
B	还本付息缺乏适当保障，投资风险很大，具有投机性，不适合做投资对象
CCC	还本付息能力很低，有无法还本付息的危险，投资风险极大
CC	安全性极差，可能已处于违约状态
C	企业信誉差，无力支付本息，绝对有风险

债券信用等级越高，到期偿还本息的能力就越强，投资风险也越小，债券收益应随风险级度的增加而增加，即风险越大的债券，确定的利息率也应越高。但我国目前发行企业债券的利率由中国人民银行决定，在同期银行存款利率的基础上可上浮20%。所有企业债券基本上都定在上限，所以债券信用等级的高低与利率的高低并没有挂钩。

💬 **理财箴言**

我国的债券评级工作正在开展，但尚无统一的债券等级标准和系统评级制度。债券信用评级不同于债券发行单位的资信评估。

投资记账式国债的方法

📋 **要点导读**

> 记账式国债又称无纸化国债，即代理发行机构将投资者持有的国债登记于证券账户上，投资者仅取得收据或对账单以证实其所有权。

💳 **实战解析**

投资者购买记账式国债时虽未得到债券实物，但是无纸化方便投资者保存，防止遗失、偷窃、伪造等情况，一旦丢失凭证还可以挂失，安全性相对较高。

记账式国债净值变化的时段，主要集中在发行期结束开始上市交易的初期。在这个时段，投资者所购的记账式国债将有较为明确的净值显示，可能获得资本溢价收益，也可能遭受资本损失。只要投资者避开这个时段去购买记账式国债，就可以规避国债净值波动带来的风险。上市交易一段时间后，其净值便会相对稳定在某个数值上。而随着记账式国债净值变化稳定下来，投资国债持有期满的收益率也将相对稳定，目前大体为2.73%左右，这个收益率是由记账式国债的市场需求决定的。

对于那些打算持有到期记账式国债的投资者而言，只要避开国债净值多变的时段再投资购买，任何一只记账式国债将获得的收益率都相差不大。

记账式国债期限不等，一般通过全国银行间债券市场和证券交易所发行。

记账式国债流动性较强，目前主要有两种交易途径。一是开户后利用下载的交易软件买卖在交易所发行、流通的记账式国债。另一种是以办理柜台记账式国债交易业务的银行为中介，通过双边报价进行间接交易。

💬 **理财箴言**

在股市、基金等市场低迷期，由于投资债券的资金增多，往往会导致债券票面价格上涨，因此，投资记账式国债除可获得利息收入外，还可以通过日常交易操作获得差价收益。

巧用收益曲线发掘被低估的债券

📋 **要点导读**

把不同到期时间的债券，计算出各自的"到期收益"，点在一张以纵轴代表收益，横轴代表时间的坐标上，并把各点连接起来所成的曲线，就叫作债券收益曲线。

📑 **实战解析**

一条合理的债券收益曲线将反映出某一时点上（或某一天）不同期限债券的到期收益率水平。收益曲线大致有下述四条曲线，如图6-1所示。

133

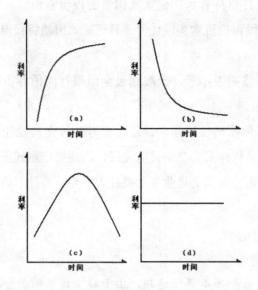

图6-1 收益曲线的四种形态

曲线a说明，在正常情况下，近期利率比远期利率低，这是因随时间变化风险加大，需提高利率予以补偿。曲线b说明与曲线a相反的情形发生在货币信用紧缩，银根抽紧的时候。曲线c表示短期利率上升很猛。这常发生于严厉的货币政策时期，此期过后短期利率逐步下跌，长期利率逐步升高。曲线d发生在两个经济阶段的转变时期，短期利率与长期利率持平。

投资者还可以根据收益率曲线不同的预期变化趋势，采取相应的投资策略的管理方法。如果预期收益率曲线基本维持不变，而且目前收益率曲线是向上倾斜的，则可以买入期限较长的债券；如果预期收益率曲线变陡，则可以买入短期债券，卖出长期债券；如果预期收益率曲线变得较为平坦时，则可以买入长期债券，卖出短期债券。

💬 理财箴言

到期时间不同造成收益不同，曲线的形状和所代表的情况也不同。在收益曲线上，只能反映出同质债券的收益因到期收益不同而出现

的差异，对于不同质量的债券，则因其利率的不同而难以通过平面曲线
反映出来。

什么是可转债

要点导读

> 可转换公司债券是指由公司发行的，投资者在一定
> 时期内可选择一定条件转换成公司股票的公司债券，通常
> 称作可转换债券或可转债。

实战解析

可转换公司债券的主要特征如下所示。

1. 可转换公司债券具有债权性质

它是一种公司债券，是固定收益证券，具有确定的债券期限和定
期息率，并为可转换公司债券投资者提供了稳定利息收入和还本保证，
其持有人不是公司的拥有者，不能获取股票红利，不能参与企业决策。

2. 可转换公司债券具有股票期权性质

为投资者提供了转换成股票的选择权，也就是投资者既可以行使
转换权，将可转换公司债券转换成股票，也可以放弃这种转换权，持有
债券至到期。投资者通过持有可转换公司债券可以获得股票上涨的收
益，因此，可转换公司债券是股票期权的衍生，可转换公司债券包含了
股票买入期权的特征。

3. 可转换性

这是其最本质的特征，它表明债券持有人可以按照约定的条件将
债券转换成股票。在本质上，可转换性所赋予投资者的转股权是投资者
享有的，一般债券所不具有的选择权。可转换性的具体特征是由发行人
在发行条款中详细规定的，这些条款表明投资者可以按约定的转换期
限、转换价格和转换比率等将债券转换成发行公司的普通股票。但是，

如果可转换债券的持有人不想转换，则可以继续持有债券，直到到期（或者提前）收取本金和利息。

💬 理财箴言

可转换公司债券兼具有债券和股票的一些特征，是一种复杂的混合体。可以说，债权性和股权性是可转换公司债券的两个基本属性，而可转换性则是其最本质的属性。

评估可转债券价值

📋 要点导读

> 可转债全称为可转换公司债券，是一种公司债券，指持有人在发债后一定时间内，可依据本身的自由意志，选择是否依约定的条件将持有的债券转换为发行公司的权利。

💳 实战解析

1. 纯粹债券价值

纯粹债券价值是指在可转债权当作债券持有的情况下，它在市场上的价值。

2. 转换价值

转换价值是指如果可转债券转化为普通股票时，这些可转换债券所能够取得的价值。转换价值的计算方法是：将每份债券所能够转换的普通股票的份数乘以普通股票的当前价格。

纯粹债券价值由票面利率和收益率来决定，而转换价值由公司的基本普通股票的价值来决定。随着股票价格的涨落，转换价值也相应地涨落。如图6-2所示。

可转债的最低价值

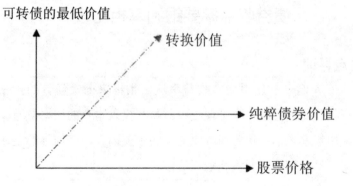

图6-2 可转债转换价值示意图

可转债的最低价值＝max{纯粹债券价值，转换价值}

在图6-2中实线表示纯粹债券价值，虚线表示可转债的转换价值，红色表示可转债的最低价值，从图6-2所示中可以看出纯粹价值和转换价值有个交点，当股票价格小于该交点的值时，可转债最低价值等于纯粹债券价值；当股票价格大于该交点的值时，可转债最低价值等于转换价值。

3．期权价值

可转债的价值通常会高于纯粹债券价值和转换价值，这是因为可转债的持有者不会马上转换。相反，持有者可以通过等待并在未来利用纯粹债券价值与转换价值二者孰高来选择对自己有利的策略，即是转换成普通股票还是持有债券到期。这样通过等待而得到的看涨期权也是有价值的，它导致了可转债的价值高于纯粹债券价值和转换价值。

📇 **实战解析**

可转债的最低价值不低于纯粹债券价值和转换价值，当公司的普通股票价格比较低的时候，可转债的价值主要由纯粹债券价值决定；而当公司的普通股价比较高的时候，可转债的价值主要由基本转换价值决定。可转债的价值等于纯粹债券价值和转换价值二者的最大值与看涨期权的价值之和。

债券收益率要跟利率相比较

要点导读

> 人们一般使用债券收益率这个指标来衡量债券的投资收益。债券收益率是债券收益与其投入本金的比率，通常用年率表示。决定债券收益率的主要因素，有债券的票面利率、期限、面值和购买价格。

实战解析

1. 年利率为单利的债券

债券投资收益率是指在一定时期内购买债券的收益与投资额的比率。当一个投资者在市场以价格P购买某一种面值为M、利率r(单利)、期限为N、待偿期（离到期的时间）为n且到期一次偿还本息的既发债券时，对于每一单位的债券来说，到期收益为M(1+rN)，现在的投入为P，故其总收益为M(1+rN)-P，其总收益率为 [M(1+rN)-P] /P，因该债券离到期的时间还有n年，则其年平均投资收益率R的计算公式就为：R= [M(1+rN)-P] /Pn(1)

当投资者购买发行的新债时，若债券的发行价格和面值相同，则此时债券的投资收益率就是债券的票面利率。若发行价格高于（或低于）面值，则债券的投资收益率就会低于（或高于）票面利率。

若购买的是分期付息的债券时，因只有待偿期的利息收入，其投资收益率的计算公式为：R = [M(1 + rn)-P]/Pn

2. 折价发行的债券

有些债券在票面上并不标明利率，而在债券期满时根据票面值一次偿还本息，这样的债券往往都是采取折价的方法发行，其收益率的计算公式为：R = (M-P)/Pn(1)

如购买的是既发债券，其收益率的计算公式为：R = (M-P)/Pn

3. 年利率为复利的债券

当投资者以价格P购买年利率为复利r、面值为M、期限为N、待偿期为n的债券时，该债券的期满收益为M(1＋r)。

卖出债券时，其投资收益的计算较为简单，设买入债券时的价格为P_1，卖出债券时的价格为P，在债券持有期n的利息收入为L，则投资收益率R的计算公式为：$R = (P_1 + L H P) A P \cdot n_1$

💬 理财箴言

人们投资债券时，最关心的就是债券收益有多少。对于附有票面利率的债券，如果投资人从发行时就买入并持有到期，那么票面利率就是该投资者的收益。

债券投资的三大误区

📃 要点导读

各类企业债券以及记账式国债竞相发行。面对五花八门的债券品种，到底哪一款最适合老百姓，投资时又应避开哪些误区？

实战解析

在投资债券的时候，随着时代的变化和对债券投资研究的深入，投资者一定要注意走出三个方面的误区。

1. 凭证式国债：投资不当也会"亏本"

凭证式国债一直是稳健投资者的最爱，因其风险低、收益稳定。其实，国债如果操作不当也会"亏本"。对于购买国债不到半年就兑现的投资者来说，除了没有利息收入之外，还要支付手续费；持有满半年不满2年则按0.72%计息，扣去手续费后，其收益率仅为0.62%，而半年期扣除利率税后至少也有1.656%。因此，对于购买国债的投资者来说，两年内提前兑现是不合算的。

2. 记账式国债：捂到期才兑付

对于一般普通的投资者而言，在确定所要投资国债期限之前，首先要搞清楚何谓记账式国债，与凭证式国债有哪些区别。清楚了解其发行的方式，购买记账式国债要走出误区，并非持有到期最合算。投资记账式国债逢高可抛、逢低可吸入的特点，使其拥有获取较高投资收益的可能。若不善投资，最坏的打算就是持有到期再兑付，获得固定的收益。

3. 企业债券：普通投资者也能买

相对于国债，企业债券在普通投资者眼中更为神秘。实际上，企业债券也是一款不错的投资品种，投资者可以在证券市场上买卖交易。由于国家的高信誉度，在现实生活中，人们更愿意选择国债进行投资。其实只要选择得当，选择合适的企业债券也能够获得不错的收益。

💬 理财箴言

只有走出误区，采取适当的投资方式，才能够最大程度上获利。

第七章 黄金投资：立足长远抗通胀

传统的理财模式

📃 要点导读

> 黄金投资作为一种独特的传统投资方式，有区别其他投资品种的自身特性，正是这种自身的特性吸引了成千上万投资者的进入。

📇 实战解析

进行黄金投资有以下特点。

1. 杠杆式投资，资金量放大100倍，即投资1万元拥有100万元的黄金，获利高，一天有一倍以上获利的可能。

2. 黄金波动大，根据国际黄金市场行情，按照国际惯例进行报价。因受国际上各种政治、经济因素，以及各种突发事件的影响，金价经常处于剧烈波动之中，可以利用差价进行实盘黄金买卖。

3. 交易服务时间长，公司结合不同的情况，经营时间为22小时交易时间，涵盖全部国际黄金市场交易时间。

4. 资金结算时间短，当日可进行多次交易，提供更多投资机遇。

5. 操作简单，有无基金均可，即看即会，比炒股简单，不像选股那么麻烦，每天交易额达20万亿美元，而且没有庄家。

6. 赚的多。黄金涨，你做多（买进单），赚；黄金跌，你买空（卖出单），也赚！（股票涨才赚，跌则亏）

141

7. 趋势好，炒黄金在国内才刚刚兴起，股票、房地产、外汇等在刚开始都是赚疯了，黄金也不会例外。

8. 保值强，黄金从古至今都是最佳保值产品之一，升值潜力大；现在世界上通货膨胀加剧，将推进黄金增值。

💬 **理财箴言**

黄金的价值是自身所固有的和内在的，并且有千年不朽的稳定性，黄金的价值永恒。由于黄金24小时的交易市场，因此随时可以变现。

全球黄金市场面面观

📋 **要点导读**

> 在各个成功的黄金市场中，具体划分起来，又可以分为欧式、美式、亚式三种不同形式的黄金交易市场。

📇 **实战解析**

1. 欧式黄金交易

这类黄金市场里的黄金交易没有一个固定的场所，以伦敦黄金市场和苏黎世黄金市场为代表。在伦敦黄金市场，整个市场是由各大金商、下属公司之间的相互联系组成，通过金商与客户之间的电话、电传等进行交易；在苏黎世黄金市场，则由三大银行为客户代为买卖并负责结账清算。其买家和卖家都是较为保密的，交易量也都难于真实估计。

2. 美式黄金交易

这类黄金市场实际上建立在典型的期货市场基础上，其交易类似于在该市场上进行交易其他种商品，以美国的纽约商品交易所（COMEX）和芝加哥商品交易所（IMM）为代表。期货交易所作为一个非营利性机构，本身不参加交易，只是为交易提供场地、设备，同时制定有关法规，确保交易公平、公正地进行，对交易进行严格监控。

3．亚式黄金交易

这类黄金交易一般有专门的黄金交易场所，同时进行黄金的现货和期货交易，以香港金银业贸易场和新加坡黄金交易所为代表。交易实行会员制，只有达到一定要求的公司和银行才可以成为会员，并对会员的数量配额有极为严格的控制。虽然进入交易场内的会员数量较少，但是信誉极高。以香港金银业贸易场为例：其场内会员交易采用公开叫价，口头拍板的形式来交易。由于场内的金商严守信用，鲜有违规之事发生。

💬 **理财箴言**

实际上各种交易所与金商、银行自行买卖或代客交易只是在具体的形式和操作上的不同，其运作的实质都是一样的，都是尽量满足世界不同黄金交易者的需要，为黄金交易提供便利。

金价波动的参考因素1：石油价格

📑 **要点导读**

> 黄金是通胀之下的保值品，而石油价格上涨意味着通胀会随之而来，所以石油价格成了影响黄金市场的一个重要因素。

💳 **实战解析**

原油价格一直和黄金市场息息相关，其原因是黄金具有抵御通货膨胀的功能，而国际原油价格与通胀水平密切相关，因此，黄金价格与国际原油价格具有正向互动关系。数据显示截至2005年5月23日当周美国原油库存下降890万桶，而市场此前预期是库存水平不变。但原油价格最初的涨势未持续多久即告回落，拖累8月黄金期货跌至盘中低点876.60美元。2005年纽约商交所8月黄金期货结算价大跌23.30美元，至

143

每盎司881.70美元，跌幅超过2.5%。在黄金市场收盘时，纽约商交所7月原油期货下挫3.19美元，至每桶127.84美元，跌逾2.4%。

在原油价格显然不能保持在前收盘点位上方后，黄金市场的跌势加速。由于美元上涨，市场人士也把资金从黄金市场中拿出而投入股市和其他产品。7月银期货下跌0.90美元，至每盎司16.515美元，跌幅超过5%。

在膨胀到来之前，经济的发展不确定性增加。这时候黄金保值避险的作用就会受到人们的青睐。于是，黄金价格随着油价上涨。

💬 **理财箴言**

黄金与原油之间存在着正相关的关系，原油价格的上升预示着黄金价格也要上升，原油价格下跌预示着黄金价格也要下跌。从中长期来看黄金与原油波动趋势是基本一致的，只是大小幅度有所区别，一般来说，黄金价格与原油价格正相关。

金价波动的参考因素2：通货膨胀

📑 **要点导读**

黄金作为这个世界上唯一的非信用货币，自身具有非常高的价值，因此，不失是一种很好的抗通货膨胀的投资理财产品。

📇 **实战解析**

黄金与纸币、存款等货币形式不同，其自身具有非常高的价值，而不像其他货币只是价值的代表，而其本身的价值微乎其微。在极端情况下，货币会等同于纸，但黄金在任何时候都不会失去其作为贵金属的价值。因此，对于通货膨胀对金价的影响，要做长期和短期来分析，并要结合通货膨胀在短期内的程度而定。

　　从长期来看，每年的通胀率若是在正常范围内变化，那么其对金价的波动影响并不大；只有在短期内，物价大幅上升，引起人们恐慌，货币的单位购买力下降，金价才会明显上升。虽然进入20世纪90年代后，世界进入低通胀时代，作为货币稳定标志的黄金用武之地日益缩小。而且作为长期投资工具，黄金收益率日益低于债券和股票等有价证券。

　　即便是从长期看，可以说黄金可以作为价值永恒的代表。这一意义最明显的体现即是黄金在通货膨胀时代的投资价值——纸币等会因通胀而贬值，而黄金却不会。黄金仍不失为是对付通货膨胀的重要手段。以英国著名的裁缝街的西装为例，数百年来的价格都是五、六盎司黄金的水准，这是黄金购买力历久不变的明证。而数百年前几十英镑可以买套西装，但现在只能买只袖子了。因此，在货币流动性泛滥，通胀横行的年代，黄金就会因其对抗通胀的特性而备受投资者青睐。

💬 理财箴言

　　对金价有重要影响的是扣除通胀后的实际利率水平，扣除通货膨胀后的实际利率是持有黄金的机会成本，实际利率为负的时期，人们更愿意持有黄金。

金价波动的参考因素3：国际商品市场

📑 要点导读

　　黄金作为一种具有商品属性的投资理财产品，自然也就属于商品的一种，它的价格自然也就会受到国际商品市场的影响。

📖 实战解析

　　整个商品市场的价格趋势对金价有很重要的影响，由于中国、印度、俄罗斯、巴西"金砖四国"经济的持续崛起，对有色金属等商品的需求持续强劲，加上国际对冲基金的投机炒作，导致有色金属、贵金属等国际商品价格持续强劲上扬，这就是商品市场价格联动性的体现。

但是鉴于黄金的商品属性，分析和跟踪商品价格趋势就成为投资者必须面对和解决的问题。黄金能够保值增值的理念深入人心，大众对黄金的认同度很高。国内CPI不断上涨，人们的保值愿望逐渐增强。加之受美元贬值和国际原油价格高涨的影响，黄金价格一路走高，也使投资者看到了投资黄金潜在的丰厚回报。

💬 **理财箴言**

投资者在对黄金价格的走势进行判断的时候，必须密切关注国际商品市场尤其是有色金属价格的走势。

金价波动的参考因素4：美元

📋 **要点导读**

> 美元汇率也是影响金价波动的重要因素之一。一般在黄金市场上有美元涨则金价跌；美元降则金价扬的规律。

📇 **实战解析**

美元虽然没有黄金那样稳定，但是它比黄金的流动性要好得多。因此，美元被认为是第一类的钱，黄金是第二类。由于国际金价用美元计价，黄金价格与美元走势的互动关系非常密切，一般情况下呈现美元涨、黄金跌；美元跌、黄金涨的逆向互动关系。美元坚挺一般代表美国国内经济形势良好，美国国内股票和债券将得到投资人竞相追捧，黄金作为价值贮藏手段的功能受到削弱；而美元汇率下降则往往与通货膨胀、股市低迷等有关，黄金的保值功能又再次体现。

在基本面、资金面和供求关系等因素均正常的情况下，黄金与美元的逆向互动关系仍是投资者判断金价走势的重要依据。美元贬值往往与通货膨胀有关，而黄金价值含量较高，在美元贬值和通货膨胀加剧时往往会刺激对黄金保值和投机性需求上升。回顾过去20年历史，美元对其他西方货币坚挺，则国际市场上金价下跌；如果市场对美元缺乏信心，则金价上升。

💬 **理财箴言**

通常投资人士在储蓄保本时，取黄金就会舍美元，取美元就会舍黄金。黄金虽然本身不是法定货币，但始终有其价值，不会贬值成废铁。若美元走势强劲，投资美元升值机会大，人们自然会追逐美元。相反，当美元在外汇市场上越弱，黄金价格就会越强。

金价波动的参考因素5：需求因素

📃 **要点导读**

> 供求关系是市场的基础，黄金价格与国际黄金现货市场的供求关系密切相关，对于黄金的需求量也是影响黄金市场的一个因素。

📇 **实战解析**

1. 黄金实际需求量（首饰业、工业等）的变化

一般来说，世界经济的发展速度决定了黄金的总需求，例如在微电子领域，越来越多地采用黄金作为保护层；在医学以及建筑装饰等领域，尽管科技的进步使得黄金替代品不断出现，但黄金以其特殊的金属性质使其需求量仍呈上升趋势。

2. 保值的需要

黄金储备一向被央行用作防范国内通胀、调节市场的重要手段。而对于普通投资者，投资黄金主要是在通货膨胀情况下，达到保值的目的。在经济不景气的态势下，由于黄金相对于货币资产保险，导致对黄

金的需求上升，金价上涨。

3．投机性需求

投机者根据国际国内形势，利用黄金市场上的金价波动，加上黄金期货市场的交易体制，大量"沽空"或"补进"黄金，人为地制造黄金需求假象。当触发大量的止损卖盘后，黄金价格下泻，基金公司乘机回补获利，当金价略有反弹时，来自生产商的套期保值远期卖盘压制黄金价格进一步上升，同时给基金公司新的机会重新建立"沽空"，形成了当时黄金价格一浪低于一浪的下跌格局。

💬 **理财箴言**

黄金的消费具有很强的季节性，上半年黄金现货消费相对处于淡季，近几年来金价一般在第二季度左右出现底部。从第三季度开始，受节日等因素的推动，黄金消费需求会逐渐增强，到每年的春节，受亚洲国家的消费影响，现货黄金的需求会逐渐达到高峰，从而使得金价走高。

选择黄金投资的交易品种

📃 **要点导读**

> 了解黄金交易的基本品种可以根据自己的兴趣爱好去选择自己想要投资的黄金品类。

📇 **实战解析**

1．标金

标金是按规定的形状、规格、成色、重量等要素精炼加工成的标准化条状金，即俗称"金条"。标金是黄金市场最主要的交易品种。

2．金币

金币有两种，即纯金币和纪念性金币。纯金币的价值基本与黄金含量一致，价格也基本随国际金价波动，具有美观、鉴赏、流通变现能力强和保值功能。

3. 纸黄金

纸黄金又称为黄金凭证，这种黄金凭证代表了持有者对黄金的所有权，因此纸黄金交易实质上就是一种权证交易方式。纸黄金一般是由黄金市场上资金雄厚、资信良好的金融机构发行，如商业银行发行的不记名黄金储蓄存单、黄金交易所发行的黄金交收订单或大的黄金商所发行的黄金账户单据等。

4. 黄金饰品

广义的黄金饰品是泛指含有黄金成分的装饰品，如金杯、金质奖牌等纪念品。狭义的金饰品是专指以成色不低于58%的黄金材料制成的装饰物。

5. 黄金期货

一般而言，黄金期货的购买、销售者，都在合同到期日前出售和购回与先前合同相同数量的合约，也就是平仓，无须真正交割实金。这种买卖方式，才是人们通常所称的"炒金"。黄金期货合约交易只需10%左右交易额的定金作为投资成本，具有较大的杠杆性，少量资金推动大额交易。

6. 黄金期权

期权是买卖双方在未来约定的价位，具有购买一定数量标的的权利而非义务。如果价格走势对期权买卖者有利，会行使其权利而获利。如果价格走势对其不利，则放弃购买的权利，损失的只有当时购买期权时的费用。

7. 黄金股票

所谓黄金股票，就是金矿公司向社会公开发行的上市或不上市的股票，所以又可以称为金矿公司股票。由于买卖黄金股票不仅是投资金矿公司，而且还间接投资黄金，因此这种投资行为比单纯的黄金买卖或股票买卖更为复杂。

8. 黄金基金

黄金基金是黄金投资共同基金的简称，即专门以黄金类证券或黄金类衍生交易品种作为投资媒体的一种共同基金。黄金基金的投资风险较小、收益比较稳定，与我们熟知的证券投资基金有相同特点。

💬 **理财箴言**

黄金的交易品类多种多样，每一品类都有自己独特的特点，投资者应该在自己能够掌控的范围之内有选择地进行投资。

现货黄金交易规则

📋 **要点导读**

> 现货黄金交易，通俗地说就是随着黄金价的涨跌进行买卖，从差价中获得利润。24小时不间断交易，投资者可以在晚上交易，而且最佳交易时间就是晚上。

🏦 **实战解析**

1. 计量交易

现货黄金以美元标价，以英制盎司为计量单位。一盎司等于31.1035克。国际通用标准，规定100盎司为一标准手。

2. 保证金交易

投资者只需交纳足额差价保证金，即可进行现货黄金交易，不需交付全额资金。

3. 即时买卖

只要价格在市，即可即时完成买卖交易。不存在是否有人接单问题。也就是说，只要市场上有价格，那么，投资者只要发出买、卖指令，交易即刻完成，投资者不愁买不到，也不愁卖不出。

4. 双向交易

既可以买涨，也可以买落。无论金价如何走势，投资人始终有获利的机会。黄金涨，做多；黄金跌，做空。由于现货黄金的这一特点，因此在现货黄金市场上不存在牛市或熊市。不论金价是大起还是大落，对投资者而言都是机会。黄金市场讲究的是行情。行情就是每日大盘的落差，即大盘最高价与最低价之间的差价。有差价就有行情，差价越大，行情越好。

5. 可以预设限价单

当市场价格尚未到达理想价位时，客户可以根据经验或专家提示预设限价单，做好止盈和止损，然后就可以高枕无忧，等待结果。

6. 交易时间

周一06:00至周六03:00内，全天24小时交易。

💬 理财箴言

现货黄金交易有几种交易方式：1. 黄金实金交易；2. 纸黄金交易；3. 黄金期货交易；4. 杠杆式现货黄金交易。目前，市场上最流行且最具收益性的是第四种交易——杠杆式现货黄金交易，即现货黄金投资。

黄金如何标价

📋 要点导读

计量黄金重量的主要计量单位为：盎司、克、千克、吨等。国际上一般通用的黄金计量单位为盎司，我们常看到的世界黄金价格都是以盎司为计价单位。1盎司=31.1035克。

💳 实战解析

1. 黄金的纯度计量

黄金及其制品的纯度叫作"成色"，市场上的黄金制品成色标识有两种：一种是百分比，如 G999等；另一种是K金，如 G24K、G22K

和G18K等。我国对黄金制品印记和标识牌有规定，一般要求有生产企业代号、材料名称、含量印记等，无印记为不合格产品。国际上也是如此。但对于一些特别细小的制品也允许不打标记。

2. 用"K金"表示黄金纯度的方法

国家标准 GB11887-89 规定，每开（英文carat、德文 karat的缩写，常写作"K"）含金量为 4.166%，所以，各开金含金量分别为（括号内为国家标准）：

12K = 12×4.166% = 49.992% (500‰)

18K = 18×4.166% = 74.998%(750‰)

24K = 24×4.166% = 99.984%(999‰)

24K金常被人们认为是纯金，但实际含金量为 99.98%，折为23.988 K。

3. 用文字表达黄金纯度的方法

有的金首饰上或金条金砖上打有文字标记，其规定为：足金含金量不小于 990‰，通常是将黄金重量分成 1000 份的表示法，如金件上标注9999的为 99.99%，而标注为586的为58.6%。比如在上海黄金交易所中交易的黄金主要是9999与9995成色的黄金。

理财箴言

了解黄金的标价方法是进行黄金投资的前提，为以后的黄金投资航程奠定基础。

国际黄金交易市场的参与者

要点导读

国际黄金市场的参与者，可分为国际金商、银行、对冲基金等金融机构、各个法人机构、私人投资者以及在黄金期货交易中有很大作用的经纪公司。

实战解析

1. 国际金商

最典型的就是伦敦黄金市场上的五大金行，其自身就是一个黄金交易商，由于其与世界上各大金矿和许多金商有广泛的联系，而且其下属的各个公司又与许多商店和黄金顾客联系，因此，五大金商会根据自身掌握的情况不断报出黄金的买价和卖价。当然，金商要负责金价波动的风险。

2. 银行

又可以分两类，一种是仅仅代为客户买卖和结算，自身并不参加黄金买卖，以苏黎世的三大银行为代表，他们充当生产者和投资者之间的经纪人，在市场上起到中介作用。也有一些做自营业务的银行，如在新加坡黄金交易所（UOB）里，就有多家自营商会员是银行的。

3. 对冲基金

近年来，国际对冲基金尤其是美国的对冲基金活跃在国际金融市场的各个角落。在黄金市场上，几乎每次大的下跌都与基金公司借入短期黄金，在即期黄金市场抛售和在纽约商品交易所黄金期货交易所构筑大量的淡仓有关。

理财箴言

全球各大金市的交易时间，以伦敦时间为准，形成伦敦、纽约（芝加哥）、香港连续不断的黄金交易，这些黄金交易市场在运作中各有特点。

黄金存单投资

要点导读

> 投资者可以像利用买卖金条进行投机、套利、保值一样，也可以利用买卖黄金存单进行投机、套利和保值。

📇 实战解析

黄金存单的交易过程：（1）投资者向提供黄金存单的银行或其他交易商开立黄金账户，并缴付款项；（2）银行或黄金交易商根据当时的黄金现货价格将投资者缴付的款项折算为所购买的黄金数量，并记载在投资者的黄金存单上，而不是将实体黄金提交给投资者；（3）当价格合适时，投资者可以将黄金存单上的黄金卖给银行或黄金交易商。这是正常的黄金存单交易。在某些情况下，投资者也可以要求银行或黄金交易商在任何时间里将黄金存单上的黄金提交给自己。不过，这种情况比较罕见。

黄金存单的交易成本主要包括投资者支付给银行或黄金交易商的佣金。国际上，这笔佣金费率一般为黄金存单价值的1%左右。除此之外，有的银行或黄金交易商可能会向投资者每年或每季收取一定的黄金保管费。如果投资者要求银行或黄金交易商提交黄金存单上的黄金，则投资者还需要支付一笔黄金提运费和铸造费。

💬 理财箴言

买进黄金存单不是持有实物黄金，而是拥有对实物黄金的所有权。但是，由于黄金存单是拥有对实物黄金的所有权，黄金存单价格的变化和实物黄金价格的变化是一致的。

黄金宝投资

📋 要点导读

> 为了满足广大投资者对于黄金投资的需求，中国银行上海市分行从2003年11月18日起，在全国率先推出了个人黄金实盘买卖业务，简称"黄金宝"。

📇 实战解析

黄金宝产品的面市，不但为广大投资者提供了一个具有良好盈利能力的黄金投资产品，更弥补了国内相关投资领域的空白，成为全国第一个纸黄金交易产品。

黄金宝交易起点低，为10克纸黄金，投资者只需千把块人民币就能进行投资，同时黄金宝的报价由国际黄金市场价格直接折算，更加贴近市场变化。2005年，黄金宝实现了24小时交易，2006年里美元金即将面世……"黄金宝"本币金交易规则如下所示。

交易品种——本币金，人民币。

交易计量——元/克（1盎司=31.1035克）。

交易起点——每笔申报交易起点数额为10克，买卖申报是10克及大于10克的整克数量。

交易时间——全天交易，周一8点至周六凌晨3点，每日凌晨3点至4点账务处理，如遇国际、国内节假日休市，将提前通知客户。

交易方式——柜台、电话银行、网上银行、自助终端等。"黄金宝"中间价计算公式：

中间价=国际市场黄金价格×当日美元兑人民币即期结售汇中间价/31.1035（盎司与克之间的换算单位，1盎司=31.1035克）。

投资黄金心理准备：投资"黄金宝"不计利息，也不能获得股票、基金投资中的红利等收益，因此只能通过低吸高抛，赚取买卖差价获利。

💬 理财箴言

黄金价格受多种因素影响，因此，和其他任何一种投资品种一样，投资"黄金宝"也将面临一定的风险，投资者必须保持良好的投资心态。

第八章 外汇和期货投资：高风险、高收益

认识国际货币体系

要点导读

> 所谓国际货币体系是指国际货币制度、国际货币金融机构以及由习惯和历史沿革形成的约定俗成的国际货币秩序的总和。

实战解析

国际货币体系既包括有法律约束力的关于货币国际关系的规章和制度，也包括具有传统约束力的各国已经在实践中共同遵守的某些规则和做法，还包括在国际货币关系中起协调、监督作用的国际金融机构——国际货币基金组织和其他一些全球或地区性的多边官方金融机构。国际货币体系具有这样几个方面的作用。

（1）确定国际清算和支付手段来源、形式和数量，为世界经济的发展提供必要的、充分的国际货币，并规定国际货币及其与各国货币的相互关系。

（2）确定国际收支的调节机制，以确保世界经济的稳定和各国经济的平衡发展。调节机制涉及三个方面的内容：一是汇率机制；二是对逆差国的资金融通机制；三是对国际货币（储备货币）发行国的国际收支纪律约束机制。

（3）确定有关国际货币金融事务的协商机制或建立有关的协调和

监督机构。

💬 **理财箴言**

　　确定一种货币体系的类型主要依据三条标准：（1）货币体系的基础即本位币是什么；（2）作为国际流通、支付和交换媒介的主要货币是什么；（3）作为主要流通、支付和交换的货币与本位币的关系是什么，包括双方之间的比价如何确定、价格是否在法律上固定，以及相互之间在多大程度上可自由兑换。

汇率波动的参考因素1：政治

📑 **要点导读**

> 　　一个国家的政治形势和政权的更迭，对经济进展的影响是巨大的，对外汇更是会产生不可估量的冲击。

📧 **实战解析**

　　市场的政治风险主要是由政局不稳引起经济政策变化，从具体形式来看几个时间点。

　　1. 大选

　　一国进行大选，就意味着领导者的改变，伴随着经济政策的改变。在大选过程中，选举形势的变化，即人们对选举结果的预期，都会对外汇市场产生一定的影响。

　　2. 政权更迭

　　当一个国家或地区发生政权更迭时，对经济进展的影响是巨大的，对外汇更是会产生不可估量的冲击。

　　3. 战争或政变

　　当一国发生政变或爆发战争时，该国的货币就会呈现不稳定而下跌，局势动荡是打击该国货币的重要原因。例如美国在1991年进行攻打伊拉克的"沙漠风暴"行动时，汇率就经历了一轮大幅度的波动。

💬 **理财箴言**

社会政治因素影响外汇市场通常都是一些突发性事件，这种短期性突发事件会引起外汇的现货价格波动，甚至背离其长期的均衡价格，但是事件过后，外汇走势又会按照其长期均衡价格的方向变动。一般来说，短期的价格变动最多只会修正长期外汇均衡价格的方向，却很难改变或彻底扭转它的长期波动趋势。

汇率波动的参考因素2：经济

📑 **要点导读**

> 经济因素是影响一个国家汇率的一个重要因素，经济因素对汇率的影响是通过各种不同的经济指标来影响的。

📧 **实战解析**

1. 国际收支状况

国际收支是一国对外经济活动的综合反映，它对一国货币汇率的变动有着直接的影响。而且，从外汇市场的交易来看，国际商品和劳务的贸易构成外汇交易的基础，因此，它们也决定了汇率的基本走势。

2. 消费者物价指数

当消费者物价指数上升，通货膨胀率上升，即货币的购买力下降，理论上来说，该国货币应该有下降的趋势，但很多国家都以操纵通货膨胀为主要目标，通货膨胀率的上升往往同时带来利率上升的可能性，反而会利好该国货币；而如果通货膨胀受到操纵，利率也可能会趋于回落，反而利淡该国货币了。

3. 经济增长率

其他条件不变的情况下，一国实际经济增长率相对别国来说上升较快，会使该国增加对外国商品和劳务的需求，结果会使该国对外汇的需求相对于其可得到的外汇供给来说趋于增加，导致该国货币汇率下跌。

4. 国民生产总值

这是一个国家一定时期内生产的全部最终产品和服务的总价值，是各项经济指标中最基本的一项，它反映了一国的整体经济状况。国民生产总值的大幅增长，反映该国经济进展蓬勃，国民收入增加，消费力也随之增强，该国政府将有可能提高利率，紧缩货币供应，该国货币的吸引力也增大，导致其货币的汇率上升；反之，则相反。

💬 **理财箴言**

上面所说的是影响一个国家汇率的主要的经济方面的因素，一国经济各方面综合效应的好坏，是影响本国货币汇率最直接和最主要的因素。

汇率波动的参考因素 3：政策

📋 **要点导读**

> 汇率会对一个国家的经济产生影响，因此，这个国家就会采取一些政策来稳定外汇市场，从而对汇率发生影响。

📇 **实战解析**

汇率波动对一国经济会产生重要影响，目前各国政府(央行)为稳定外汇市场，维护经济的健康发展，经常对外汇市场进行干预。干预的途径主要有四种：

1. 直接在外汇市场上买进或卖出外汇；
2. 调整国内货币政策和财政政策；
3. 在国际范围内发表表态性言论以影响市场心理；

4.与其他国家联合,进行直接干预或通过政策协调进行间接干预等。

这种干预有时规模和声势很大,往往几天内就有可能向市场投入数十亿美元的资金,当然相比较目前交易规模超过1.2万亿美元的外汇市场来说,这还仅仅是杯水车薪,但在某种程度上,政府干预尤其是国际联合干预可影响整个市场的心理预期,进而使汇率走势发生逆转。因此,它虽然不能从根本上改变汇率的长期趋势,但在不少情况下,它对汇率的短期波动有很大影响。

◯ 理财箴言

政府的财政政策、外汇政策和央行的货币政策对汇率起着非常重要的作用,有时是决定作用。如政府宣布将本国货币贬值或升值;央行的利率升降、市场干预等。

汇率波动的参考因素4:财政

要点导读

政府的财政收支状况以及财政政策常常也被作为该国货币汇率预测的主要指标,当一国出现财政赤字,其货币汇率是升还是降主要取决于该国政府所选择的弥补财政赤字的措施。

实战解析

1.货币政策的调整对汇率走势的影响

货币政策的主要形式是改变经济体系中的货币供给量,紧缩的货币政策是指中央银行提高再贴现率、提高商业银行在中央银行的存款准备金率和在市场上卖出政府债券,即减少货币供给,造成汇率的升值;反向的操作,则使货币供给增加,造成货币贬值。

2.财政政策的调整对汇率走势的影响

财政政策的调整对汇率走势的影响是通过财政支出的增减和税率调整来影响外汇的供求关系。紧缩的财政政策通过减少财政支出和提高税率会抑制总需求与物价上涨，有利于改善一国的贸易收支和国际收支，从而引起一国货币对外汇率的上升。

3. 政府之间政策协调对汇率走势的影响

政府的政策变化对汇率变化的影响包括两个方面的内容：一是单独国家的宏观经济政策如财政政策、货币政策、汇率政策等，它们的变化会引起本国货币汇率的变动，从而影响国际外汇市场；二是工业国家之间的政策协调出现配合失衡或背道而驰时，外汇市场也会经常剧烈波动。

💬 **理财箴言**

在各国财政出现赤字时，其货币汇率往往是看贬的，这是因为一般政府总是喜欢选择发行国债，这种最不容易在本国居民中带来对抗情绪的方式来弥补。

汇率波动的参考因素5：通货膨胀

📑 **要点导读**

> 从总体上来看，通货膨胀是影响汇率变动的一个长期、主要而又有规律性的因素。这是因为货币是在国与国之间流通所造成的，从根本上说是根据其所代表的价值量的对比关系来决定的。

💳 **实战解析**

通货膨胀对汇率的影响往往要通过一些经济机制体现出来。

1. 商品、劳务贸易机制

一国发生通货膨胀，该国出口商品劳务的国内成本提高，必然提高其商品、劳务的国际价格，从而削弱了该国商品、劳务在国际上的竞争能力，影响出口和外汇收入。相反，在进口方面，假设汇率不发生变化，通货膨胀会使进口商品的利润增加，刺激进口和外汇支出的增加，从而不利于该国经济。

2. 国际资本流动渠道

一国发生通货膨胀，必然使该国实际利息率（即名义利息率减去通货膨胀率）降低，这样，用该国货币所表示的各种金融资产的实际收益下降，导致各国投资者把资本移向国外，不利于该国的资本项目状况。

3. 心理预期渠道

一国持续发生通货膨胀，会影响市场上对汇率走势的预期心理，继而有可能产生外汇市场参加者有汇惜售、待价而沽、无汇抢购的现象，进而对外汇汇率产生影响。据估计，通货膨胀对汇率的影响往往需要经历半年以上的时间才显现出来，然而其延续时间却较长，一般在几年以上。

💬 **理财箴言**

在纸币流通条件过程中，一般来说，两国通货膨胀率是不一样的，通货膨胀率高的国家货币汇率下跌，通货膨胀率低的国家货币汇率上升。特别值得注意的是，通货膨胀对汇率的影响一般要经过一段时间才能显现出来。

汇率波动的参考因素 6：中央银行直接干预

📋 **要点导读**

当外汇市场投机力量使得该国汇率严重偏离正常水平时，该国中央银行往往会入市干预。中央银行的干预已成为外汇市场的普遍现象。

实战解析

中央银行对外汇市场的干预有几种方式。

1. 中央银行的间接干预

一般有三种方式。

（1）公开市场业务。即央行在金融市场上购入或卖出政府债券，影响外汇汇率走向。当市面上投机过度，物价指数太高，货币汇率上涨过快时，央行会在证券市场上卖出政府债券。那些买入债券的投资者，就会用现金来换取债券。这样，市场流通的货币量减少，该货币的价格自然就起来了，即汇率开始上升。

（2）调整再贴现率。"再贴现率"是央行借钱给商业银行的"利息"。"再贴现率"可以影响存款利率，进而影响汇率。

（3）调整准备金率。中央银行有权决定商业银行和其他存款机构的法定准备金率，会使所有的存款机构对其存款额留出的准备金减少，从而货币供给额增加。

2. 中央银行的直接干预

是指央行作为外汇市场主体参与外汇的买卖，进而影响外汇汇率的走势。主要有这样几种。

（1）在重要的压力位或支撑位附近进行干预，比较容易产生效果。此处所进行的有限干预，其效果可能类似于走势明确的大量干预。

（2）干预并不代表真正的市场供求。如果中央银行通过商业银行的渠道进行干预，后者不泄露交易的来源，才可以让市场误以为它们代表真正的供求变化，否则干预的效果不好。

（3）如果中央银行希望本国货币的汇率以稳定的方式贬值，可能需要同时由买卖两方面进行干预。为了缓和贬值的速度，需要在某些时候买进，而后在某些时候再卖出。

（4）数国中央银行联合进行干预，会对市场造成重大的影响。如果交易者所设定的止损单被触发，市场动能可能朝另一个方向进展，至少临时如此。

（5）当市场预期央行可能干预时，会出现盘整的走势，因为交易者担心所建立的头寸将因为干预而发生亏损。然而，干预的行为一旦实际发生，市场常会呈现"利空出尽"的涨势。

理财箴言

中央银行的干预可能只局限于稳定汇价的范围内。它们的干预可能是希望扭转汇率走势，或仅测试市场的走势，也可能试图操纵汇率的升值与贬值。

外汇交易术语一览表

要点导读

进行外汇交易，往往会遇到很多外汇交易的术语，投资者只有掌握了这些术语才能够透彻地了解外汇市场，在外汇市场上面如鱼得水。

实战解析

在外汇交易的实战中，常见的外汇术语如表8-1所示。

表8-1 外汇常见术语一览表

名称	解析
货币对	由两种货币组成的外汇交易汇率。如EUR/USD
汇率	汇率是以一种货币表示的另一种货币的价格（如每一美元值多少欧元）
点差	汇率最小波动的单位，称为"点"；外汇交易时，买入价和卖出价存在一个差价，称为点差。如报价1.4300/03的点差为3
保证金交易	保证金交易又叫按金交易，指在交易中利用杠杆原理，投资者只需支付一定的按金就可以进行100%额度的交易，使得那些拥有少额资金的投资者也能参与到金融市场上进行外汇交易
即期外汇交易	与远期外汇交易相对，是指在外汇交易完成后，在2个工作日内办理交割的外汇交易

名称	解析
直盘、交叉盘	在外汇中有直盘和交叉盘的叫法
	是一种对盘面笼统的称谓，详细来说是指此币种盘面的汇率方式，即直接汇率和交叉汇率
	凡是和美元直接联系的，都是直盘，如欧元/美元（EUR/USD）、美元/日元（USD/JPY）等
	不和美元挂钩的，就是交叉盘，如英镑/日元（GBP/JPY）、澳元/加元（AUD/CAD）等
杠杆比例	杠杆是提高资金使用率的方法，简言之就是以小搏大
	一手合约的价值是100000美元，若交易者采用100倍的杠杆比例，则做一手交易实际占用的保证金是1000美元
头寸	头寸是金融行业常用到的一个词，在外汇交易中，建立头寸就是下单、开仓的意思 下买单，称为建立多头头寸，下卖单，称为建立空头头寸
基础货币	指货币对中的第一种货币，以及确定货币对价格时固定不变的货币
	就外汇市场的日成交量而言，美元(USD)和欧元(EUR)是最主要的基础货币，英镑(GBP)是排名第三的基础货币
隔夜利息	即期外汇交易中，头寸必须在两个交易日后交割。因此交易商会在美国东部时间下午5:00（北京时间凌晨5:00）的时候，自动将所有未平仓头寸办理延期过夜，使原来的外汇部位能在到期前转移到下一个交易日
	由于两种货币间的隔夜掉期利息伴随每日价格变动而变动，由此产生的未平仓头寸的隔夜掉期利息，就称作隔夜利息
挂单	挂单交易是指由交易者指定交易币种、金额以及交易目标价格后，一旦报价达到目标价格，即执行订单，完成交易
止损	止损指当订单出现的亏损达到预定数额时，及时平仓出局，以避免更大的亏损
追踪止损	追踪止损是指订单进入获利阶段时，追随最新的报价动态设置止损价位
G7	指七个主要的工业国家，分别是美国、德国、日本、法国、英国、加拿大和意大利
G10	指G7加上比利时、荷兰和瑞典，该国家集团主要参与国际货币基金组织(IMP)的磋商。瑞士有时也会参与

续表

名称	解析
G20	20国集团是一个国际经济合作论坛，成员包括：阿根廷、澳大利亚、巴西、加拿大、中国、法国、德国、印度、印度尼西亚、意大利、日本、墨西哥、俄罗斯、沙特阿拉伯、南非、韩国、土耳其、英国、美国和欧盟
	国际货币基金组织和世界银行列席会议
	G20的成立为国际社会齐心协力应对经济危机，推动全球治理机制改革带来了新动力和新契机，全球治理开始从"西方治理"向"西方和非西方共同治理"转变

理财箴言

投资者在进行外汇投资的时候，应该注意隔夜利息不是绝对固定的，因银行间隔夜拆借利率的变动而变动。持有（做多）高息货币过夜，隔夜利息为正；反之，隔夜利息为负。因存贷款利率的不同，做多或者做空同一货币对，赚取或支付的隔夜利息的绝对值也是不同的。

选择外汇交易的种类

要点导读

外汇交易的种类也随着外汇交易的性质变化而日趋多样化。

实战解析

外汇是伴随着国际贸易而产生的，外汇交易是国际结算债权债务关系的工具。但是，近十几年，外汇交易不仅在数量上成倍增长，而且在实质上也发生了重大的变化。外汇交易不仅是国际贸易的一种工具，而且已经成为国际上最重要的金融商品。

从不同的角度对外汇交易进行划分，可将其分为以下不同的种类。按外汇交易中结算时间的长短，可将其分为即期外汇交易和远期外汇交易；按外汇银行对外交易视交易对象的不同可将其分为对一般客户交易和对其他外汇银行交易；按外汇银行在外汇交易中所处地位的不同，外汇交易可分为主动交易和被动交易；按外汇银行进行交易的目的的不同，可将交易分为外汇调整交易和套汇交易两种；按买卖某种货币的性质的不同，可分为顺汇交易和逆汇交易。除了这些分类的标准之外，我们还可以从其他不同的角度对外汇交易进行不同种类的划分，但以上的这些分类是最基本的，也是最常见的。

⊙ 理财箴言

需要注意的是，上述的各类外汇交易之间不是彼此孤立的，而是有着紧密的内在联系的。

外汇交易技巧

📃 要点导读

在任何投资市场上，基本的投资策略是一致的。但对于复杂多变的外汇市场而言，掌握一般的投资策略是必需的，但在这个基础之上，投资者更要学习和掌握一定的实战技巧。

💳 实战解析

1. 学会建立头寸、斩仓和获利

（1）建立头寸

也就是开盘的意思。开盘也叫敞口，就是买进一种货币，同时卖出另一种货币的行为。开盘之后，选择适当的汇率水平以及适时建立头寸是盈利的前提。如果入市时机较好，获利的机会就大；相反，如果入市的时机不当，就容易发生亏损。

（2）斩仓

也就是在建立头寸后，所持币种汇率下跌时，为防止亏损过高而采取的平盘止损措施。

（3）获利

在建立头寸后，当汇率已朝着对自己有利的方向发展时，平盘就可以获利。掌握获利的时机十分重要，平盘太早，获利不多；平盘太晚，可能延误了时机，汇率走势发生逆转，不盈反亏。

2. 买涨不买跌

外汇买卖同股票买卖一样，宁买升，不买跌。因为价格上升的过程中只有一点是买错了的，即价格上升到顶点的时候，汇价像从地板上升到天花板，无法再升。除了这一点，其他任意一点买入都是对的。

在汇价下跌时买入，只有一点是买对的，即汇价已经落到最低点，就像落到地板上，无法再低。除此之外，其他点买入都是错的。由于在价格上升时买入，只有一点是买错的，但在价格下降时买入却只有一点是买对的，因此，在价格上升时买入盈利的机会比在价格下跌时大得多。

3. "金字塔"加码

这是指在第一次买入某种货币之后，该货币汇率上升，眼看投资正确，若想加码增加投资，应当遵循"每次加码的数量比上次少"的原则。这样逐次加买数会越来越少，就如："金字塔"一样。因为价格越高，接近上涨顶峰的可能性越大，危险也越大。

4. 于传言时买入（卖出），于事实时卖出（买入）

外汇市场与股票市场一样，经常流传一些消息甚至谣言，有些消息事后证明是真实的，有些消息事后证实只不过是谣传。交易者的做法是，在听到好消息时立即买入，一旦消息得到证实，便立即卖出。反之亦然，当坏消息传出时，立即卖出，一旦消息得到证实，就立即买回。如若交易不够迅速很有可能因行情变动而招致损失。

💬 **理财箴言**

外汇市场是一个风险很大的市场，它的风险主要在于决定外汇价格的变量太多。虽然现在关于外汇波动的理论、学说多种多样，但汇市的波动仍经常出乎投资者们的意外。对外汇市场投资者和操作者来说，有关风险概率方面的知识尤其要学一点。

期货是什么

📃 **要点导读**

> 期货的含义是：交易双方不必在买卖发生的初期就交收实货，而是共同约定在未来的某一时候交收实货。

📖 **实战解析**

最初的期货交易是从现货远期交易发展而来，最初的现货远期交易是双方口头承诺，后来口头承诺逐渐被买卖契约代替。1985年芝加哥谷物交易所推出了一种被称为"期货合约"的标准化协议，取代原先沿用的远期合同。期货的炒作方式与股市十分相似，但又有十分明显的区别：

1．期货是保证金制，即只需缴纳成交额的5%～10%，就可进行100%的交易；

2．期货既可以先买进也可以先卖出，就是双向交易；

3．期货必须到期交割，否则交易所将强行平仓或以实物交割；

4．期货投资的盈亏在市场交易中就是实际盈亏；

5．期货更具有高报酬、高风险的特点。

💬 **理财箴言**

期货交易是以标准期货合同作为交易标的，期货合同由清算所进行统一交割、对冲和结算。清算所是期货合同的卖方也是买方，交易双

169

方分别与清算所建立法律关系，严格的保证金制度。

远期合约和期货合约

📋 **要点导读**

> 在衍生市场上，远期类合约主要包括远期合约和期货合约。之所以把期货合约也归并到远期类合约，是因为期货合约很大程度上可以看成是标准化了的远期合约。

📖 **实战解析**

1. 远期合约

是指交易双方在将来某一日期，按照一定的价格进行约定的有关商品、证券和外汇等基本资产形态的结算或交割。远期合约一经签订生效，买卖双方就有义务履行合约所规定的条款，但交易双方并不在签约时支付款项，而是在将来某一议定日期结算。市场上运用最普遍的是远期外汇交易和远期利率交易，而远期商品交易也被一些热衷于商品市场渗透的商业银行所重视。

在远期合约中，同意在未来某一特定时间按约定价格买入某种交易对象，称为"多头"；同意在未来某一特定时间按约定价格卖出某种交易对象，称为"空头"；合约中所约定的交易价格称为"交割价格"，远期合约有以外汇、股票或债券等基本金融工具为交易对象而签订的，也有以石油、金属等实物为交易对象而签订的。

2. 期货合约

期货合约，就是指由期货交易所统一制定的、规定在将来某一特定的时间和地点交割一定数量标的物的标准化合约。这个标的物，又叫基础资产，是期货合约所对应的现货，这种现货可以是某种商品，如铜或原油，也可以是某个金融工具，如外汇、债券，还可以是某个金融指标，如三个月同业拆借利率或股票指数。

理财箴言

相对于期货合约,远期合约的主要优点是灵活性大。因为远期合约的具体条款,如交割时间、交割地点、交割价格、标的物品质都可以由合约双方进行商议,在互相妥协后达到双方最大的满意。并且,远期合约的标的资产可以是多种多样的,因为,不同的人总是有不同的预期和偏好,所以只要能找到相对的另一方,几乎任何资产都可以进行远期交易。

保证金机制的杠杆效应

要点导读

期货保证金制度即买卖双方在交易期货合约以前必须在各自账户中存入担保现金的制度。其意义在于防止交易者到期违约,并作为票据清算所实行每日结算的基础。

实战解析

1. 保证金的分类

在我国,期货保证金按性质与作用的不同,分为结算准备金和交易保证金。结算准备金一般由会员单位按固定标准向交易所缴纳,为交易结算预先准备的资金。交易保证金是会员单位或客户在期货交易中因持有期货合约而实际支付的保证金,它又分为初始保证金和追加保证金两类。

初始保证金是交易者新开仓时所需交纳的资金。根据交易额和保证金比率确定的,即初始保证金 = 交易金额×保证金比率。我国现行的最低保证金比率为交易金额的5%,国际上一般在3%~8%。

保证金账户中必须维持的最低余额叫维持保证金,维持保证金 = 结算价×持仓量×保证金比率×k(k为常数,称维持保证金比率,在我国通常为0.75)。当保证金账面余额低于维持保证金时,交易者必须在规定时间内补充保证金，使保证金账户的余额=结算价×持仓量×保证金比率，否则在下一交易日，交易所或代理机构有权实施强行平仓。这部分需要新补充的保证金就称追加保证金。

2. 中国期货保证金机构

中国期货保证金监控中心有限责任公司（简称中国期货保证金监控中心）是经国务院同意、中国证监会决定设立，并在国家工商行政管理总局注册登记的期货保证金安全存管机构，是非营利性公司。

（1）经营宗旨

建立和完善期货保证金监控机制，及时发现并报告期货保证金风险状况，配合期货监管部门处置风险事件。

（2）监控中心的主要职能

①建立并管理期货保证金安全监控系统，对期货保证金及相关业务进行监控；

②建立并管理投资者查询服务系统，为投资者提供有关期货交易结算信息查询及其他服务；

③督促期货市场各参与主体执行中国证监会期货保证金安全存管制度；

④将发现的各期货市场参与主体可能影响期货保证金安全的问题及时通报监管部门和期货交易所，按中国证监会的要求配合监管部门进行后续调查，并跟踪处理结果；

⑤为期货交易所提供相关的信息服务；

⑥研究和完善期货保证金存管制度，不断提高期货保证金存管的安全程度和效率；

⑦中国证监会规定的其他职能。

通过期货保证金监控中心，可以更好地保护股指期货投资者的资金安全，并且可以为投资者提供结算单、追加保证金通知等服务。

💬 **理财箴言**

保证金的数额原则上由交易所规定，但为了保证交易者的财物安全性和降低经纪行的风险，交易所也准许清算机构和会员经纪公司酌量提高保证金数额。一般说来，合同的价值较大和商品价格波动性较大的，保证金要求高些。

什么是限仓制度

📄 **要点导读**

> 限仓制度，又称交易头寸制度，是指期货交易所为了防止市场风险过度集中于少数交易者和防范市场操纵行为，而对会员单位和客户的持仓数量进行最大数量限制的制度。

💳 **实战解析**

1. 根据保证金的数量规定持仓限量

限仓制度最原始的含义，就是根据会员承担风险的能力规定会员的交易规模。在期货交易中，交易所通常会根据会员和客户投入的保证金的数量。按照一定比例给出持仓限量，此限量即为该会员在交易中持仓的最高水平，如果会员要超过这个最大持仓量，则必须按比率调整其结算准备金。

2. 对会员的持仓量限制

交易所一般规定一个会员对某种合约的单边持仓量不得超过交易所此种合约持仓总量（单边计算）的15%，否则交易所将对会员的超量持仓部分进行强制平仓。此外，期货交易所还按合约离交割月份的远近，对会员规定了持仓限额，距离交割期越近的合约，会员的持仓限量越小。

3. 对客户的持仓量限制

　　大部分交易所对会员单位所代理的客户实行编码管理，每个客户只能使用一个交易编码，交易所对每个客户编码下的持仓总量也有限制。在执行限仓制度的过程中，对某一会员或客户在多个席位上同时有持仓的，其持仓量必须合并计算。大户报告制度，是与限仓制度紧密相关的另外一个控制交易风险、防止大户操纵中场行为的制度。期货交易所建立限仓制度后。当会员或客户投机头寸达到了交易所规定的数量时，必须向交易所申报。申报的内容包括客户的开户情况、交易情况、资金来源、交易动机等，便于交易所审查大户是否有过度投机和操纵市场行为以及大户的交易风险情况。

💬 理财箴言

　　当持仓限额被超过时，交易所可采取限制平仓或强制平仓措施，以释放风险。这种头寸限制规定，有的采用持仓合约数量限制，有的则采用市场份额限制，有的是多方面的持仓限制。当然为了鼓励套期保值，限制投机，交易所还可因不同客户实施不同持仓限额制度。

期货的实物交割

📑 要点导读

> 　　期货交割是指期货交易的买卖双方于合约到期时，对各自持有的到期未平仓合约按交易所的规定履行实物交割，了结其期货交易的行为。

📄 实战解析

　　商品期货交易的了结（即平仓）一般有两种方式，一是对冲平仓；二是实物交割。实物交割就是用实物交收的方式来履行期货交易的责任。实物交割方式如下几种。

　　1. 集中交割

集中交割指所有到期合约在交割月份最后交易日过后一次性集中交割的交割方式，是仓库交割方式的一种，交割价格按交割月份所有交易日结算价的加权平均价格计算。采取集中交割可以有效避免交割违约，为卖方提供增值税发票和买方筹措货款留下充足时间。

2．滚动交割

滚动交割是指进入交割月后可在任何交易日交割，由卖方提出交割申请，交易所按多头建仓日期长短自动配对，配对后买卖双方进行资金的划转及仓单的转让，通知日的结算价格即为交割价格。交割商品计价以交割结算价为基础，再加上不同级别商品质量升贴水，以及异地交割仓库与基准交割仓库的升贴水。

3．期货转现货

期货转现货是指期货市场持有同一交割月份合约的多空双方之间达成现货买卖协议后，变期货部位为现货部位的交易。这种交割方式在全球商品期货和金融期货中都有广泛应用，我国三家期货交易所都已推出期转现交易。

💬 理财箴言

尽管实物交割在期货合约总量中占的比例很小，然而正是实物交割和这种潜在可能性，使得期货价格变动与相关现货价格变动具有同步性，并随着合约到期日的临近而逐步趋近。

价差交易策略

📋 要点导读

> 　　价差交易，也称为套利交易和套期图利交易，是一种在买入或卖出某种合约的同时卖出或买入相关的另一种合约的交易方式。简言之就是不同月份、不同市场、不同商品之间价格的差异。

📖 实战解析

1. 价差交易的四种方式

（1）跨月价差交易，在同一市场（即同一交易所）同时买入、卖出同种商品不同交割月份的期货合约。

（2）跨市价差交易，在两个不同的市场同时买入、卖出同种商品相同交割月份或不同交割月份的期货合约。

（3）跨商品价差交易，在相同或不同市场上同时买入、卖出不同但相关商品同一交割月份或不同交割月份期货合约的交易。

（4）原材料产品价差交易，在买入原材料期货合约的同时卖出其产品的期货合约，或者相反。

2. 价差交易的具体技巧

期货合约有不同的交割月份，同种商品不同交割月份的期货合约之间就存在着价差。

若在反向市场上，近期期货价格则会高于远期期货价格。由于各月份期货价格是分立的，影响市场的因素又频繁变化，因而，价差不能反映金额持有成本，它会发生波动，像基差的波动一样。它有时会变宽，有时会变窄。利用价差的这种变化，可以进行跨期套利或叫作跨月份套利。其做法是同时买卖同一商品不同月份的期货合约，一旦价差向着有利于自身的方向变化，则随即再买卖这两个月份的期货合约，对冲原来的交易部位，从中获取利益。

由于区域间的地理差别，同一期货合约可在两个或更多的交易所进行交易，这时常常也会产生价差。这种价差主要反映了两个以上地区性市场上商品的供求变化以及运输费用的高低。一般说来，产地价格最近，远离产地的市场价格应高于产地价格。此外，两地市场规定的同类商品不同的品种和标准等级的差异，也会影响到两个期货合约的价格。由于各市场是相对独立的，因而价格变化并不一致，价差也会随之扩大或缩小。利用价差的这种变化，可进行跨市场的套利。依据买低卖高的交易原则，同时在两个市场上买卖同种期货合约，待价差向着有利于自已的方向变化之后，再同时在两个市场上买卖期货合约，以对冲前面的交易部位，从中获利。

理财箴言

利用价差进行套利是期货交易中常用的手法。在期货交易中，交易者经常利用价差及其波动进行套利活动。在交易形式上它和套期保值相同，只不过套期保值是在现货市场和期货市场同时买入、卖出合约，价差交易却只在期货市场买卖合约。

国债期货

要点导读

国债期货是指通过有组织的交易场所预先确定买卖价格并于未来特定时间内进行钱券交割的国债派生交易方式。国债期货属于金融期货的一种，是一种高级的金融衍生工具。

实战解析

期货交易具有以下不同于现货交易的主要特点：

（1）国债期货交易不牵涉国债券所有权的转移，只是转移与这种所有权有关的价格变化的风险；

（2）国债期货交易必须在指定的交易场所进行。期货交易市场以公开化和自由化为宗旨，禁止场外交易和私下对冲；

（3）所有的国债期货合同都是标准化合同。国债期货交易实行保证金制度，是一种杠杆交易；

（4）国债期货交易实行无负债的每日结算制度；

（5）国债期货交易一般较少发生实物交割现象。

国债期货是利率期货"大家庭"中的一员，规避市场利率不确定变动引发的损失是其根本任务所在。由国债交易的双方订立的、约定在未来某日期以成交时确定的价格交收一定数量的国债凭证的标准化契约就是国债期货合约，套期保值和价格发现就是国债期货的基本功能之一，在利率发生变化从而导致国债价格产生波动的情况下，可将现货和期货市场的损益加以抵消。而价格发现功能是指国债期货市场能提供各种国债商品的价格信息，反映不同国债的供求情况。这两个功能也是国债期货市场在世界金融市场存在并不断发展的根本原因。

目前，中国的利率市场化仍然还是局部的，不同市场的利率变化呈现出一定的规律性，具有相当的可预测性。随着各项改革措施的实施，商业银行正在向市场化迈进，更由于其在中国金融市场上的主导地位，商行的市场化为包括国债在内的金融市场利率的市场化奠定了基础。尽管当前我国利率变动还受到政府管制，但长期来看，利率市场化是不可抵挡的发展趋势，开展国债期货交易的可能性和必需性也是日益增加。而且今日的国债市场已经不同于往日了，市场总量颇具规模，国债发行额于1994年首次突破千亿元大关，1997年突破2000亿，2000年发行了4180.1亿元又创新高，因此想要操纵市场的难度也大大增加了，从某个角度来说几乎是不可能的事。随着国债市场的不断发展，恢复国债期货的市场条件已日臻成熟。

理财箴言

国债期货是在20世纪70年代美国金融市场不稳定的背景下，为满足投资者规避利率风险的需求而产生的。

对冲套利策略

要点导读

套利是指期货市场参与者利用不同月份、不同市场、不同商品之间的差价，同时买入和卖出两张不同类的期货合约以从中获取风险利润的交易行为。

实战解析

1. 跨市场套利

跨市场套利简称为跨市套利，跨市套利是在不同交易所之间的套利交易行为。当同一期货商品合约在两个或更多的交易所进行交易时，由于区域间的地理差别，各商品合约间存在一定的价差关系。投机者利用同一商品在不同交易所的期货价格的不同，在两个交易所同时买进和卖出期货合约以谋取利润。

当同一商品在两个交易所中的价格差额超出了将商品从一个交易所的交割仓库运送到另一交易所的交割仓库的费用时，可以预计，它们的价格将会缩小并在未来某一时期体现真正的跨市场交割成本。

2. 跨期套利

跨期套利是指同一会员或投资者以赚取差价为目的，在同一期货品种的不同合约月份建立数量相等、方向相反的交易部位，并以对冲或交割方式结束交易的一种操作方式。跨期套利属于套期图利交易中最常用的一种，实际操作中又分为牛市套利、熊市套利和蝶式套利；跨月套利与商品绝对价格无关，而仅与不同交割期之间价差变化趋势有关。

3. 跨商品套利

所谓跨商品套利，是指利用两种不同的，但是相互关联的商品之间的期货价格的差异进行套利，即买进（卖出）某一交割月份某一商品的期货合约，而同时卖出（买入）另一种相同交割月份、另一关联商品的期货合约。

理财箴言

要想从相关商品的价差关系中获利，套利者必须了解这种关系的历史和特性。

形式灵活的期权交易

要点导读

> 期权是指在未来一定时期可以买卖的权利，是买方向卖方支付一定数量的金额（指权利金）后拥有的在未来一段时间内（指美式期权）或未来某一特定日期（指欧式期权）以事先规定好的价格（指履约价格）向卖方购买（指看涨期权）或出售（指看跌期权）一定数量的特定标的物的权利，但不负有必须买进或卖出的义务。

实战解析

1. 期权交易的特点

期权交易是买、卖双方订下来的合约。所谓期权合约，是指期权买方向期权卖方支付了一定数额的权利金后，即获得在规定的期限内按事先约定的敲定价格买进或卖出一定数量相关商品期货合约权利的一种标准化合约。

买入期权的一方，可以拥有权利而没有义务或责任，期权购买者可以在期限当天或之前，行使转卖或放弃这种权利，其最大损失就是购买期权的费用（权利金）；期权的卖方由于收取了期权的权利金，则必须承担到期或到期前买方所选择的履约义务和责任。

当期权买方选择行使权利时，卖出期权的一方，必须根据合约内容与买方进行交易。期权买家需缴付权利金给卖家。期权卖家收到权利金后，就要提供期权买家行使的选择权利。

当期权合约到期的时候，要是期权买家选择行使期权合约（如果这个期权是现金结算），期货执行价格和期货市场价格两者的差价就是期权买家的盈利，也就是期权卖家的损失。要是期权买家不行使期权，期权买家缴付的权利金就是期权卖家的收入。期权也是一种合同。合同中的条款是已经规范化了的。

2. 期权履约

期权的履约有以下三种情况：（1）买卖双方都可以通过对冲的方式实施履约；（2）买方也可以将期权转换为期货合约的方式履约（在期权合约规定的敲定价格水平获得一个相应的期货部位）；（3）任何期权到期不用，自动失效。如果期权是虚值，期权买方就不会行使期权，直到到期任期权失效。这样，期权买方最多损失所交的权利金。

3. 期权权利金

期权的价格叫作权利金，是购买或售出期权合约的价格。对于期权买方来说，为了换取期权赋予买方一定的权利，他必须支付一笔权利金给期权卖方；对于期权的卖方来说，他卖出期权而承担了必须履行期权合约的义务，为此他收取一笔权利金作为报酬。对期权买方来说，不论未来期货的价格变动到什么位置，其可能面临的最大损失只不过是权利金而已。期权的这一特色使交易者获得了控制投资风险的能力。而期权卖方则从买方那里收取期权权利金，作为承担市场风险的回报。

持有标的物的权利，但不负有必须买进或卖出的义务。期权交易事实上是这种权利的交易。买方有执行的权利也有不执行的权利，完全可以灵活选择。

💬 **理财箴言**

期权交易事实上就是买卖权利的交易。买方有执行的权利也有不执行的权利，完全可以灵活选择。

通过差价期权获取收益

📃 **要点导读**

差价期权是指同时持有同种类型的两个或多个期权的多头和空头，且这些期权有着不同的到期日或履约价格。

实战解析

差价期权策略是指持有相同类型的两个或多个期权头寸（即两个或多个看涨期权，或者两个或多个看跌期权）。

差价期权有两种类型。一类是垂直的或者叫资金差价期权。这种策略涉及买进一个某一执行价格的期权，同时卖出具有另一个执行价格的期权。另一类型的差价期权叫水平或时间差价期权，即投资者买入一个特定到期日的期权同时卖出另一个不同到期日的期权。

差价期权策略同时适用于看涨期权和看跌期权。例如10月到期的执行价格为150/155美元的看涨差价期权表示，买入看涨期权的执行价格为150美元，而卖出看涨期权的执行价格为155美元。由于同一到期日下执行价格低的看涨期权的期权费更高一些，所以投资者买入期权的资金流出大于卖出期权的资金流入，这种交易方式被称为买入差价期权，投资者持有净多头头寸。同样的道理，一个10月到期的执行价格为150/155美元的看跌期权表示，买进看跌期权的执行价格为150美元，而卖出看跌期权的价格为155美元，这位一个净空头头寸，这种方式称为卖出差价期权。

对于时间差价期权，如执行价格为150美元、到期日为10月/1月的看涨差价期权是一个净空头头寸。因为小斜线（/）前面的为买入期权的到期时间而后面为卖出期权的到期时间。对于同一执行价格的看涨期权，到期时间越长，期权费越高，故这种交易方式下投资者的资金流出大于流入，被称为买入差价期权。同样的道理，执行价格为150美元、到期日为1月/10月的看涨差价期权是净多头头寸。

理财箴言

其实投资者运用差价期货的投资策略进行投资，投资者购买某一执行价格的看跌期权，并通过出售一个较低执行价格的看跌期权而放弃了一些潜在的盈利机会。作为对放弃盈利机会的补偿，投资者获得了出售期权的期权费。当然了，要注意用看跌期权建立的差价期权的最终收益低于用看涨期权建立的差价期权的最终收益。

强行平仓制度

要点导读

所谓强制平仓，是指仓位持有者以外的第三人（期货交易所或期货经纪公司）强行了结仓位持有者的仓位，又称被斩仓或被砍仓。

实战解析

在期货交易中发生强行平仓的原因较多，具体而言，是指在客户持仓合约所需的交易保证金不足，而其又未能按照期货公司的通知及时追加相应保证金或者主动减仓，且市场行情仍朝持仓不利的方向发展时，期货公司为避免损失扩大而强行平掉客户部分或者全部仓位，将所得资金填补保证金缺口的行为。

根据《期货交易管理暂行条例》第41条及其他法规的规定，强行平仓需要具备以下条件。

（1）客户交易保证金不足，已过风险控制底线，且市场行情继续往持仓不利的方向发展。这是期货公司为保护自身利益、防止损失扩大而实施强行平仓的基本前提。

（2）正确履行追加保证金的通知义务。这是期货公司实施强行平仓的必经程序。通知的内容应当包括客户持仓的盈亏状况、保证金不足数额以及追加保证金的方式等。

（3）追加保证金的时间和数额应合理。另外，结合《最高人民法院关于审理期货纠纷案件若干问题的规定》（以下简称《规定》）第39条的规定，经纪公司要避免客户损失的扩大，不能因此而造成客户更大的损失，平仓数量要与应增加保证金比例基本相当，不能过多地平掉客户的持仓。如果平仓量过大，则应当认定为超量平仓，经纪公司应当对超量部分承担赔偿责任。

💬 **理财箴言**

平仓止损价位的设置与个人情况有关，但主要应与市场正常波动幅度相匹配。对于中长线交易者，止损价位应以能够承受日常的价格波动幅度为宜，这样既可以避免频繁地被动止损，又可以确保在决策正确的前提下交易计划能够有效实施。

第九章　房产投资：坐地生金

房产投资的三种类型

📋 要点导读

> 　　房地产，包括房产和地产，概括起来，就是指土地及土地上的建筑物，是一个实体概念。由于房和地是不能分开的，因此统称为房地产。

💳 实战解析

根据不同的分类标准，房地产又可以分为不同的房地产投资类型：

（1）按照投资主体不同，可以分为房地产商经营型投资和居民消费型住房投资；

（2）按房地产投资的经济内容不同，可以分为土地开发投资、房屋开发投资、房地产经营投资、房地产中介服务投资和房地产管理和服务投资；

（3）按房地产投资的领域不同，可以分为商业房地产投资、工业房地产投资和住宅房地产投资等。

💬 理财箴言

投资者可以根据自己个人的具体情况，来选择不同形式的房地产类型进行投资。

计算房产投资收益率的方法

📃 要点导读

> 房产投资收益率是指投资房地产获取收益的那个比率，用公式表示：（最后成交价－购买价）/购买价×100%。

📇 实战解析

目前，国家增加储备金率，那么以后，在计算房地产收益率的时候就可能会加物业税。对投资者来说，年末既是他们结算一年投资回报，又是调整来年投资计划的时候。总体上，在这几年股市低迷，国库券、基金市场收益不好确定的情况下，房地产市场价格却节节攀升，给了投资者很大的信心。对投资者而言，选择在哪投资，采取何种方式能提高投资收益率等，都是最为关心的问题。

通过对房地产投资市场，以及对影响投资收益率的各项要素进行分析，发现了投资者在投资过程中提高投资收益率需要遵循的三大原则。

原则一：交通便利、商务氛围浓厚的地段是提高房屋投资价值的重要因素。

原则二：认准房屋租赁目标群体，采取有针对性措施来提高租金回报。

原则三：贷款需求者，可提高首付，减少利息支出来提高回报率。

💬 理财箴言

如果提高了房地产投资的收益率，相应地就会增加房地产投资收益。因此，在投资房地产的时候，投资者一定要注意投资收益率。

评估房产价值的因素 1：地理位置

要点导读

> 成功的房地产投资者之所以获得成功，常常是由于在把握了好的时机的基础上开发了好的地段。而失败者之所以失败，往往就在于不讲科学，盲目选地。

实战解析

1. 选择增值潜力看好的区位

区位条件是决定房地产价格变动的主要因素。土地资源的有限性和不可再生性决定了随着城市的发展和人口的增长，城市内可以用于建造房屋的土地逐渐减少，导致对土地需求的不断增长，从而使土地增值。

2. 选择区位要其有超前意识

房地产投资不仅要重视现在的地段位置，更要重视预测未来区位的变化趋向，要特别注意进行交通、服务网点等公共设施的深层次分析。

3. 要选择考察附近地区生活指标完善的房地产进行投资

所谓区域生活指标，在现代城市当中，无非指周围的商店、邮局、银行、医院、车站、公园、游乐场、影剧院、运动场等娱乐设施和消费服务网点。区域生活指标越是完善的地方，其房地产投资的可行性就越高。

4. 选择发展潜力大的地区

在投资房地产时应该选择发展潜力大的地区，禁忌选择偏僻、落后的地区。下列地区是投资中的重点，应仔细选择。

流通率高的地区。即使是价位较高的地区，只要流通率高，也就容易脱手，赚钱便容易多了。

人口快速成长的地区。由于人口的不断增长，对房屋的需求不断增加，房价便会随之上扬。

没有余屋的地区。这也就是所谓的卖方市场。由于没有余屋，因而房屋容易租出去，房价也较高。

公共建设临近地区。在这样的地区，由于人口流动性较大，并且相对密集，因沾公共建设的光而地价上涨。

5. 注意教育情况与治安情况

教育水准的高低，对当地经济发展的促进作用会显示出比较明显的差距。教育发达，意味着该地区经济发展有潜力，也意味着居住人口将不断扩大，房地产增值的潜力也就可观。

治安情况也是考察房地产市场潜力的重要角度。盗窃、抢劫、群殴等犯罪率居高不下的城区，避之犹恐不及，谁会前往投资？

6. 选择区位时注意采用定性与定量相结合的方法

通过对开发成本和投资期望收益的定量分析，才能判断地块的投资价值。定性是指某些地域开发项目性质的确定。如在中心商业区搞住宅开发，显然与整个区域环境不相协调，而在边缘地区建造高级写字楼，恐怕也难成市。定量和定性相结合，综合分析地块的区域特征、周边环境、交通情况、价格高低、增值潜力等各种相关因素，才能对选址做出准确的判断，为投资成功奠定基础。

💬 理财箴言

在一个城市进行房地产投资，必须对影响区位的环境进行研究。这种研究包括交通状况、地块的规模及形状、地貌、市政配套及区域的发展潜力等。

评估房产价值的因素 2：所在城市

要点导读

对于目前的房地产市场来说，问题并不在于房价是不是还会全线上涨，而是在于会在哪几个城市上涨。

实战解析

1. 研究城市规划

随着大量农业人口转为城市人口，国内各大城市面临人口增长压力，重新规划城市功能是缓解人口压力的必然之策，而政府的规划是带动片区房地产发展的最大利好因素。

2. 考察交通配套

主要看交通的配套和公交系统是否完备，例如处在城市地铁或者主干道两侧的物业通常升值较快，尤其以地铁沿线为最佳，升值空间往往很高。

房地产是长期投资，通过升值后转让赚取利润，而在转让之前，通过出租减少或者抵消月供款是最好选择。对有意长期收租的业主，更注重的应该是上班族的工作便利性和时间成本，公交配套是首位。到就近商务区或市中心上班的便利性和交通成本，是直接影响租金的高低的因素，也影响投资收益。

3. 重视景观资源

在房地产行业有话老话：房子有价，景观无价。一个拥有永恒景观的物业其升值潜力，远比无景观的房子要快得多。

理财箴言

受宏观经济面以及充裕资金的影响，全国大中城市的房地产业在供应量减小的背景下仍将保持比较旺盛的需求，房地产的投资空间依然存在。

评估房产价值的因素 3：市政规划

要点导读

> 随着大量农业人口转为城市人口，国内各大城市面临人口增长压力，重新规划城市功能是缓解人口压力的必然之策，而政府的规划是带动片区房地产发展的最大利好因素。

实战解析

所以，房地产最重要的投资攻略是"城市规划"。例如一个原本大家都不看好的片区，随着政府大力开发，配套、交通等变得完善，片区楼盘升值自然水到渠成。假如在政府规划实施之前买入，未来必然会享受到城市规划所带来增值的愉悦。下功夫研究政府制订城市规划走向，来把握未来城市的热点，是投资房地产增值重要因素之一。

理财箴言

通常政府的城市规划都会在媒体上公布，投资者只要细心留意即获得相关信息，某一区域的规划公布后，区域的土地拍卖价格高涨，或者国内品牌开发商进场开发，往往就是该区域楼价拉升的开始。

影响房价的因素 1：国家金融政策

要点导读

> 房地产在进行交易的时候也是作为一种产品被对待的，因此，国家的金融政策对房地产的价格不可避免地会产生一些影响。

实战解析

国家金融政策对房价的影响体现在以下几方面。

1. 银行信贷对金融信贷的管理、对按揭首付比例的规范、对社会保障住房开发的相关优惠等措施对遏制炒房、保障住房和限制开发具有重要影响，从而波及房地产价格走势。比如对于按揭首付的规定，分面积和购房次数来决定首付数额比例，对于大面积住房和二次购房要支付较高的首付款，从而限制投机和盲目消费。

2. 银行利率。存款利率的调整直接影响到房地产投机行为，投机的减少带来成交量的下降，因此有可能导致房价涨幅的回落，这一情况在一定程度上缓解了炒房热，从而推动了房地产价格的理性回归。

3. 货币政策。由于银行信贷和外资的控制，货币供应量的增加同样是房价上升的重要原因，直接后果就是大量银行信贷及民间资本流入房地产业，而这个过程有其背后的制度原因。

首先，在强制结汇制度下，外汇占款导致基础货币大量发行，并且由于人民银行对冲能力有限，从而导致货币供应量快速增长；

其次，投资渠道有限以及其他各种原因，导致储蓄率过高，大量货币资产以储蓄的形式存放在银行等金融机构内；

最后，中央政府和地方政府在一段时间内偏好性地扶持该行业，加之房地产作为一种投资品本身所具有的特殊性质，促使房地产价格在短时间内迅速攀升。

理财箴言

国家金融政策通过银行信贷有关政策、银行利率以及货币政策等几个方面对房产的价格产生影响，因此，投资的时候要注意这几个方面。

影响房价的因素 2：房地产投机

要点导读

> 房地产投机是指不是为了使用或出租而是为了再出售（或再购买）而暂时购买（或出售）房地产，利用房地产价格的涨落变化，以期从价差中获利的行为。

实战解析

房地产投机是建立在对未来房地产价格预期的基础上的。一般地说，房地产投机对房地产价格的影响可能出现三种情况：①引起房地产价格上涨；②引起房地产价格下跌；③起着稳定房地产价格的作用。至于房地产投机具体会导致怎样的结果，要看当时的多种条件，包括投机者的素质和心理等。

房地产投机者的行为会引起房产价格的上下波动，也会对房产价格起到稳定作用，分别看一下，引起房产价格波动的情况。

1. 当房地产价格节节上升时，那些预计房地产价格还会进一步上涨的投机者纷纷抢购，哄抬价格，造成一种虚假需求，无疑会促使房地产价格进一步上涨。

2. 当情况相反时，也就是那些预计房地产价格还会进一步下跌的投机者纷纷抛售房地产，则会促使房地产价格进一步下跌。

3. 当投机者判断失误，或者被过度的热烈 (乐观)或恐慌(悲观)的气氛或心理所驱使时，也可能造成房地产价格的剧烈波动。

房地产投机行为也可能起着稳定房地产价格的作用的情况也有这样两种。

1. 当房地产价格低落到一定程度时，怀有日后房地产价格会上涨心理的投机者购置房地产，以待日后房地产价格上涨时抛出，这样就会出现：当房地产需求较小的时候，投机者购置房地产，造成房地产需求增加。

2．而在房地产价格上涨到一定程度时，投机者抛售房地产，增加房地产供给，从而平抑房地产价格。

💬 理财箴言

关于房地产投机对房地产价格的影响，普遍认为它会引起房地产价格上涨。显然，房地产投机有许多危害，但这种认识是不够全面的。

影响房价的因素3：土地政策

📋 要点导读

> 土地是房地产价格中一个重要的组成部分，土地政策对土地价格的制定以及土地的买卖和使用方式的规定都将对房价产生重大影响。

💳 实战解析

1．土地调控政策

（1）土地出让价格是房地产价格的重要组成部分，房地产价格与土地价格密不可分。地价指数与房地产价格指数也具有十分密切的关系，两者相互影响、相互作用。一方面，地价水平受房地产价格和房地产投资力度的影响；另一方面，房地产价格和房地产投资力度也受土地价格的影响。

（2）土地使用权出让方式的规范对土地价格产生影响。最后，土地利用用途管制与监督对房地产价格的影响也很大。

2．土地供应政策

政府逐步放量推地，土地供应总量有所增加。

土地价格提高，会使得开发商获得利润减少，开发商为市场提供新建房地产的积极性下降；反之，土地成本降低，项目开发投资能给开发商带来更多的利润，使得开发商积极开发更多的房地产，增加市场的供给。

💬 **理财箴言**

通过比较土地交易价格和居民住宅用地价格发展的趋势，发现其相关度是很高的。土地价格受政策和经济的影响波动比较大，住宅用地更是如此。

影响房价的因素4：城市化

📋 **要点导读**

> 根据国家统计局发布的报告数据显示，我国城市化水平日新月异，并且水平越来越高。虽然房子和大米都属于很重要和特殊的资源，但大米价格涨幅符合百姓收入水平，而房价却飙升到百姓承受范围之外，其中这与中国城市化的水平是分不开的。从近几年来的房价的持续上涨和城市化水平的高低足以见得城市化的进程，促使中国房地产业得到突飞猛进的发展。

📇 **实战解析**

城市化也称为城镇化、都市化，是指人类生产和生活方式由乡村型向城市型转化的历史过程，表现为乡村人口向城市人口转化以及城市不断发展和完善的过程。城市化进程必将推高房价，原因有如下几点。

1. 城市数量和规模都在高速增加

随着城市化建设的不断进行，以及城市建设所需资金缺口的不断增大，土地价格和开发成本不断增加，加上开发商所期望的回报利润，中国房地产市场在城市化大建设中不可避免地推高房价。

2. 城市人口不断增加

城市数量和规模高速发展，就意味着未来城市居住着越来越多的人口。"大城市吸引小城市居民，小城市吸引乡镇居民，乡镇吸引农村居民"的人口模式，加快了各个城市房地产业的发展，也推高了房价的上涨空间。

3. 农村人口进城需求大幅度增长

相比较而言，农村条件改善进度缓慢，保障体系比较落后，居民开始逐步涌入城市生活和工作。在目前中国城市中，原城市居民基本完成置业需求，甚至拥有2至3套住宅。而对于农村居民来说，购房成为进城的第一基本条件，所以农村人口进城生活带动了商品房的销售，刺激了商品房价格不断上涨。

💬 **理财箴言**

目前，我国正处于经济发展期，城市化建设的力度和速度都不断增强，在这样的大环境影响下，中国房地产市场商品房价格仍有一定的上涨空间。当然随着城市化进程，到后期也将抑制房价的上涨，但这或许又得几十年。

影响房价的因素5：需求因素

📋 **要点导读**

> 需求拉动是房地产价格上涨的直接因素。房地产的需求主要分为消费需求和投资需求。这两个方面的需求或推动房价上涨，或抑制房价上涨。

💳 **实战解析**

1. 房地产开发投资规模

房地产开发投资额的增加，会直接刺激房地产业的发展；反之，投资水平的降低，会导致房地产业的发展受到很大的负面影响。投资的部门结构与房地产业的相关程度越高，对房地产的刺激作用也就越大；

反之，相关程度越低。房地产开发投资的变化与房地产的供给是正相关的，但是房地产开发投资的增加并不一定导致房地产价格的下降。

2. 土地及建筑成本

地价作为房价的主要构成部分，地价的上涨对房价上升具有重要作用。建材成本占房地产成本的比重也较大，其中主要是钢材、铝材等的成本。生态、绿色、智能、舒适等观念的引进，建筑密度的降低，绿地面积的增加，架空层的推广，公共活动场所的设计，住宅小区物业管理配套设施的完善以及建筑质量标准的提高，使住房建设生产费用不断上升，节能措施的采用，使每平方米住宅的建筑安装成本相应增加。

3. 房地产竣工面积

年竣工面积上升时，房地产供给量自然就会上升，价格就会下降；相反，如果竣工面积下降，供给就会下降，房地产价格自然就会上升。但在中国，竣工面积有时候并不能很好地影响价格，高空置率和高房价并存的局面就很好地说明了这一点。

💬 理财箴言

近年来，随着中国城市化进程的加快、旧城改造的加速，以及20世纪70年代的出生高峰导致最近几年结婚人口大量增加，形成了对房地产市场巨大的需求。从投资需求来说，近年来随着我国经济健康快速发展，居民可支配收入提高，民间资金雄厚，大量资金在寻找投资渠道。房价不断上涨的示范效应使得投资性购房快速增长，并保持了较高的比例，部分普通市民也把积蓄用于购置房屋，以保值增值。

评估房产价值的三个公式

📖 要点导读

> 考察一处房产是否值得投资，最重要的就是评估其投资价值，即考虑房产的价格与期望的收入关系是否合理。

实战解析

以下三个公式可以帮助你估算房产价值。

公式一：租金乘数小于12

租金乘数，是比较全部售价与每年的总租金收入的一个简单公式（租金乘数＝投资金额／每年潜在租金收入），小于12。如果超过12倍，很可能会带来负现金流。

公式二：8～10年收回投资

投资回收期法考虑了租金、价格和前期的主要投入，比租金乘数适用范围更广，还可以估算资金回收期的长短。它的公式是：投资回收年数＝(首期房款＋期房时间内的按揭款)/(月租金－按揭月供款)×12。回收年数越短越好，合理的年数在8～10年。

公式三：15年收益看回报

如果该物业的年收益×15年＝房产购买价，那么该物业物有所值；如果该物业的年收益×15年＞房产购买价，该物业尚具升值空间；如果该物业的年收益×15年＜房产购买价，那该物业价值已高估。

理财箴言

这三种公式虽然可以帮助估算房产价值，但是其自身也有缺点，比如租金乘数小于12方法并未考虑房屋空置与欠租损失及营业费用、融资和税收的影响，因此投资者应该灵活掌握。

期房、现房和二手房

要点导读

开发商已经盖好的房子再出售的叫现房。还没盖好，已经开始动工的房子叫期房。楼花一词最早源自香港，是指未完工的在建物。一般称卖"楼花"为预售房屋，买"楼花"就是预购房屋。和期房一样，一手房就是开发商开发的第一次上市出售的房子。二手房就是经过一次交易的房产再次上市交易。

实战解析

1. 现房

现房的优势：价格高点，但是可以观察小区入住人的整体素质，小区整体环境，可以和已经入住的人聊聊他们对这个小区的看法，以便早做决定。

2. 二手房

如果急需解决住房问题，当然是买二手房好；如果还可以再等两年，或者希望等区域成熟后入住，则可以选择品质更高的期房。

期房与二手房的优劣如表9-1所示。

表9-1期房与二手房的对比表

对比方面	期房	二手房
地理位置因素	新房大都在城郊，距市中心地理位置相对较远	多分布于城市中心区或较成熟商圈内，地理位置也就自然优越些
交通环境方面	新楼盘虽然交通环境不及城区优越，但是随着交通的便利，离城市中心也会很方便	分布于城区，为城里人们日常出行提供了便利条件
购买房屋风险	购房者所购买的新楼盘常常是交了钱买下的却是期房，不免让人觉得花了冤枉钱	二手房现房现卖，所见即所得，房屋品质好坏一目了然，降低了购房者的许多购房风险
外观室内布局	较为新颖、室内布局也比较合理，大开间居室、敞开式厨房、宽大的客厅等较为符合现代人的居住理念	较为传统、单一，室内布局也有不尽如人意的地方，房间不够敞亮、厅的面积过于窄小，甚至有的老房子没有客厅等
物业服务程度	大都主打服务牌，物业配套设施相对较成熟	二手房由于其建成年代较早，并不具备完善、成熟的物业服务
整体商业氛围	大都分布于远郊区县等较偏远地区，因此其市政配套，商业设施、氛围等并不十分成熟，有待进一步开发与完善	凭借其占据城市中心区的有利地势，整体商业氛围、购物环境、生活气息等十分浓郁

续表

对比方面	期房	二手房
未来发展前景	新楼盘所在区域虽然相对较偏远，但是随着整体规划进程的加快，成为即将升起的新兴投资区域	随着城区土地的升值，其发展潜力将会一步开发出来
户型面积总价	新楼盘普遍户型面积较大，单价较高	户型面积虽小但是其总价却相对较低，这也是吸引购房者购买的重要因素

期房在某种程度上来看，在条件、位置和设施上和二手房是一样的。

💬 **理财箴言**

二手房和期房，优势利弊已很明显，关键在于确定自己的需求。其实，期房、现房、二手房，买哪个主要看你的需要和你自己的心态，这样，这个选择就非常好解决。

挑选现房有技巧

📃 **要点导读**

> 在实际情况中，住房质量纠纷时常发生，不仅耗费了购房者的精力，带来烦恼与痛苦，更关乎人们的生命和财产安全。所以，挑选房子一定要掌握技巧。

💳 **实战解析**

1. 查阅档案资料

主要查看各种建材生产厂家及产品合格证书、各道施工工序质量验收单、工程竣工验收报告、工程质量评定等级等资料，掌握商品房质量的第一手资料。

2. 了解住宅建筑面积和使用面积的计算方法

了解住宅建筑面积和使用面积的计算方法，以便核实实际面积是否与购房合同相一致。建筑面积的计算公式是：使用面积（含阳台）×108%或使用面积（不含阳台）×120%。阳台面积的计算方法是：不封闭按建筑面积的50%计算，全封闭按建筑面积的100%计算。

3．检查房屋有无裂缝

首先，仔细察看房屋的地面和顶板有无裂缝。一般来说，与房间横梁平行的裂缝，虽属质量问题，但基本不存在危险，修补后不会妨碍使用。若裂缝与墙角呈45°角或与横梁垂直，则说明该房屋沉降严重，存在结构性质的问题。其次，看房屋的外墙墙体是否有裂缝，若有裂缝也属于严重的质量问题。第三，看承重墙是否有裂缝，若裂缝贯穿整个墙面且穿到背后，则表示该房存在危险隐患。对这类存在严重隐患的房屋，购买者一定不能抱以侥幸心理。

4．检查房屋有无倾斜

购房者用目测的方法从四周不同角度，远近距离仔细观测也能基本上发现问题。

5．检查墙面有无石灰"爆点"

发现大面积的疏松、脱落，也属质量问题，将会给你的居住和装修带来极大的麻烦，不可忽视。

另外，还不妨在卫生间和阳台等处做一个排水试验，即在此处浇上一些水，看其是否能畅通无阻地排向出水口。否则，将给你的居住带来不便或增大你的装修改造费用。

6．检查房屋有无渗漏

仔细观察顶层是否有裂缝。同时，还要仔细察看墙角是否有发黄的痕迹和坡面石灰较大面积的变色、起泡、脱皮、掉灰，这些都是渗漏的迹象。再者，还应察看厨房、卫生间、阳台的顶部和管道接口有否渗漏情况。

选择底楼的购房者还得注意察看房屋的地面渗水情况。要仔细检查房屋墙脚是否有变色、起泡的痕迹。若有表明该房地面严重潮湿，则必须改造。再观察地面水泥的颜色是否较室外地面的颜色过重，有无阴冷的感觉，通风条件如何。也可用硬物敲击地面，检查其是否坚实。房屋顶层和卫生间管道出入口的渗漏，以及底楼地面的潮湿是目前较为普遍的质量问题。

💬 **理财箴言**

在选购房子的时候应该按照这些技巧一一核对，尽可能避免质量纠纷，买到质量上乘的好房，防患于未然。

购买二手房要考虑的五大要素

📑 **要点导读**

在城市购买一套面积适中的二手房，既是普通百姓购房自住的适宜选择，也是投资置业的途径之一。

💳 **实战解析**

1. 地理位置优越、交通便利

大多数市内居民区附近公交线路发达，可以省去中途换车之苦。每天上下班不但可以节省交通费，更重要的是能够有更多可以自由支配的宝贵时间。

2. 购物、就医、教育设施齐备

大多数的旧居民区附近，大有成熟的大型超市，小有方便的菜市场，距离大型医院很近，幼儿园、小学、中学等教育机构也一应俱全。多年的社区人文环境造就了周围各种各样繁荣的社区服务环境。

3. 质量隐患不多

俗话说，"明枪易躲，暗箭难防"。在挑选二手房时，应通过仔细认真的检查以及询问房主、询问周围的住户来了解房屋本身的状况，做到心中有数。

4. 产权手续齐备

如果购买二手房是为了投资，那一定要买有产权的二手房，并且按照法律规定及时缴纳应缴的税费，履行产权过户手续，那么在交易行为完成后，房管局将核发过户后的产权证。只有拿到了房屋的产权证，才可以合法的出租、出售，甚至办理抵押贷款，为以后更换新房提供有力支持。

5. 升值潜力较大

从各个方面综合来看，遇到拆迁的情况时，楼房升值潜力较大，平房升值潜力则相对一般或者较小。

💬 **理财箴言**

在进行二手房投资的时候，一定要综合考虑上面所列的各个方面的要素。

普通住宅投资价值分析

📋 **要点导读**

> 投资普通住宅房必须对其进行投资价值分析，投资价值分析对于之后采取的行动至关重要。

💳 **实战解析**

1. 从区域的价值来看

随着房产市场区域化现象日益明显，区域未来的规划对房产影响至关重要，尤其是交通改造与商业配套建设对区域住宅市场的影响更为突出。因此，区域规划及区域房产最新动向都是影响区域二手房价值的利好因素。

2. 从增量房市场价值来看

一个区域增量房市场对存量房市场的影响是一分为二的，首先，增量房会带动区域新一轮的开发建设，有助于区域房产市场走向成熟，提升区域影响力，从而影响存量房市场价值提升；其次，增量房供应增加缓和了区域房产供需矛盾，造成部分存量房需求者流失，从而给存量房市场造成一定冲击。

3．从在售商品房价格价值来看

由于一二手房的联动作用，区域在售商品房市场的价格档位对于区域二手房的影响非常大。

4．区域房产价格"位态"

同样作为二手房成交的成熟热点区域，区域房产价格所处的"位态"也会有所不同，而还处于较低"位态"的区域，未来房产价格将会处于追涨状态。因此，投资二手房，应该从其区域房产价值处于较低"位态"时开始出手，未来再出售将会有非常可观的收益；而当区域房产价格处于滞涨状态时，出售收益则会较为有限。

💬 理财箴言

通过从以上几个方面对房产进行分析之后，来确定哪些可以现在投资，哪些可以缓一缓再投资，哪些不要投资。

合理规避房产投资风险

📋 要点导读

在期货交易中，房地产投资属于国民经济基础性投资活动，受国家和地区的社会经济环境因素影响大。作为一种投资类型，房地产投资也不可避免地存在投资风险。

💳 实战解析

一般来说，房地产投资的风险主要包括以下几个方面。

1．变现风险

由于房地产的不动产性，投资于房地产中的资金流动性较差，变现性也相对较差。

2. 房地产价值贬值

其一，建筑物必然会发生物质损耗乃至报废的问题，使用效用降低和价值贬值是不可避免的。其二，也可能出现"无形损耗"即功能过时的问题。例如，建筑设计的标准、建筑结构和建筑风格已经落伍，将会影响建筑物的利用效率。还有一种最严重的房地产价值贬值，即地理位置的优越性发生了变化。

3. 社会风险

房地产投资受到房地产市场的景气影响很大，同社会经济发展密切关联。如果某个地区经济形势稳定，经济蒸蒸日上，则其房地产价格看好，房地产投资可以获得良好的收益。房地产投资也与一个地方的社会治安有关，稳定和安全的环境有利于提高房地产投资的经济效益。

4. 灾害风险

房地产投资者还可能面临自然灾害带来的损失，地震、洪水、火灾等自然灾害都可能使房地产投资失败。此外，环境污染和土地退化，也会使土地贬值。

5. 法律的复杂性

由于一笔房地产交易不仅涉及买卖双方当事人，也涉及贷款人、经纪人、咨询人和评估人等多种人事关系。因此，相对于其他的商品交易，房地产交易涉及的法律关系最为复杂，需要签署的合同或契约也最多。

💬 **理财箴言**

除了上面所涉及的几种类型的风险之外，加上需用资金量大，投资回收期长，资金周转速度慢，因众多不确定因素使得房地产投资风险大。

第十章　保险投资：着眼未来的人生保障

为什么要投资保险

要点导读

> 所谓保险是指由保险人（也称承保人）聚集多数承保人或被保险人的某种风险，通过向投保人收取合理计算的保险费的方法积累保险基金，然后对这些被保险人中发生约定风险事故者进行赔偿或给付。

实战解析

投保人是与保险公司签订保险合同和支付保险费的人。被保险人是指其财产或人身成为保险标的并有权提出索赔的人。受益人只有人寿保险中才有，是指在以被保险人死亡为给付条件的人寿保险中有权得到保险金的人。

保险是以契约形式确立双方经济关系，以缴纳保险费建立起来的保险基金，对保险合同规定范围内的灾害事故所造成的损失，进行经济补偿或给付的一种经济形式。从保险公司的角度来说，它可以提供各种为消费者所需要的险种。保险属于经济范畴，它所揭示的是保险的属性，是保险的本质性的东西。从本质上讲，保险体现的是一种经济关系，表现在：（1）保险人与被保险人的商品交换关系；（2）保险人与被保险人之间的收入再分配关系。

从经济角度来看，保险是一种损失分摊方法，以多数单位和个人缴纳保费建立保险基金，使少数成员的损失由全体被保险人分担。

从法律意义上说，保险是一种合同行为，即通过签订保险合同，明确双方当事人的权利与义务，被保险人以缴纳保费获取保险合同规定范围内的赔偿，保险人则有收受保费的权利和提供赔偿的义务。

💬 理财箴言

保险是为了确保经济生活的安定，对特定危险事故或特定的事件的发生所导致的损失，运用多数单位的集体力量，根据合理的计算，共同建立基金。

人寿保险

📋 要点导读

> 所谓的人寿保险是指投保人是以人的寿命为保险标的，以人的生死为保险事故的保险，也称为生命保险。

📧 实战解析

最初的人寿保险是为了保障由于不可预测的死亡所可能造成的经济负担，后来，人寿保险中引进了储蓄的成分，所以对在保险期满时仍然生存的人，保险公司也会给付约定的保险金。分为以下几种不同类型。

1. 死亡保险

是在保险有效期内被保险人死亡，保险公司给付保险金的保险。根据保险的期限分为定期死亡保险和终身死亡保险。

2. 定期死亡保险

又叫定期寿险，指保险人在保险期内死亡，才可以得到保险金。若保险期满后被保险人仍然生存，保险公司不承担给付责任，也即得不到赔款。定期死亡保险只有保险功能，没有储蓄功能，其保费是人寿保险中最便宜的。

3. 终身死亡保险

也叫终身寿险。保险期限从保单生效之日起，一直到被保险人死亡为止，也就是以被保险人终身为保险期限，所以被保险人的死亡不论发生在何时，保险公司总是要负责赔款。

4. 生存保险

生存保险是以保险人在规定的期限内生存作为给付保险金的条件，即仅在被保险人生存在一定期限时，给付保险金。若在此期间被保险人死亡，则保险人不负给付保险金之责。

5. 生死合险

生死合险又称为生死两全保险，也就是无论被保险人在保险期内死亡，或保险期满时仍然生存，都由保险公司依保险合同给付约定的保险金。生死合约在某种程度上，较大地满足了投保者取得生命的保障和投资的愿望。

💬 理财箴言

保险公司通过对死亡保险费和生存保险费的合理计算而设置的一些保险条款，也比较受到投保者欢迎。从目前市场情况看，越是能满足大众保障和投资两方面需求的险种，就越是受到欢迎。

财产保险

📋 要点导读

财产保险是指投保人根据合同约定，向保险人交付保险费，保险人按保险合同的约定对所承保的财产及其有关利益因自然灾害或意外事故造成的损失承担赔偿责任的保险。

📇 **实战解析**

财产保险又可以分为以下几种类型。

1．财产险

指保险人承保因火灾和其他自然灾害及意外事故引起的直接经济损失。

2．货物运输保险

指保险人承保货物运输过程中自然灾害和意外事故引起的财产损失。

3．运输工具保险

指保险人承保运输工具因遭受自然灾害和意外事故造成运输工具本身的损失和第三者责任。

4．农业保险

指保险人承保种植业、养殖业、饲养业、捕捞业在生产过程中因自然灾害或意外事故而造成的损失。

5．工程保险

指保险人承保中外合资企业、引进技术项目及与外贸有关的各专业工程的综合性危险所致损失，以及国内建筑和安装工程项目，险种主要有建筑工程一切险、安装工程一切险、机器损害保险、国内建筑、安装工程保险、船舶建造险以及保险公司承保的其他工业险。

6．责任保险

指保险人承保被保险人的民事损害赔偿责任的险种，主要有公众责任保险、第三者责任险、产品责任保险、雇主责任保险、职业责任保险等险种。

7．保证保险

指保险人承保的信用保险，被保证人根据权利人的要求投保自己信用的保险是保证保险；权利人要求被保证人信用的保险是信用保险。

💬 **理财箴言**

补偿原则是财产保险的核心原则，当保险事故发生导致被保险人经济损失时，保险公司给予被保险人经济损失赔偿，使其恢复到遭受保险事故前的经济状况。

投资联结保险

📋 **要点导读**

> 投联险是一种新形式的终身寿险产品，它集保障和投资于一体。投资方面是指保险公司使用投保人支付的保费进行投资，获得收益。

📇 **实战解析**

目前，我国正在兴起的投资联结保险与国外同类险种相比，存在着较大的差别，联结保险存在这样的风险。

1. 投资联结保险的认识风险

这主要表现在由保险人认识不足引起的风险。由于媒体大量的热卖报道，极易误导消费者，使他们难以全面认识投资联结型产品的高风险，而对该产品有过高的期望值，这显然对投资联结型产品的长远发展不利。

2. 投资联结保险的投资风险

投资方面的风险主要表现为其所积聚的保险资金能否获得令人满意的投资收益。在我国主要采用由保险公司成立专门的投资管理部门管理的投资模式，其决策风险相对较大。同时，我国缺乏这类经验丰富的专业投资人才，这进一步加大了投资风险。另外，我国目前的资本市场离规范成熟的资本市场还有很大的距离。

3. 投资联结保险的技术风险

投资联结保险技术风险主要表现为产品开发技术风险和售后服务

技术风险。目前，我国保险企业在软件上存在技术人员匮乏的不利因素，硬件上又未能形成系统的电子网络系统。

4. 投资联结保险的监管风险

投资联结保险的投资运作又带有证券投资基金的基本属性，从而在监管时更具复杂性。理论上要求保监会和证监会的双主体监管，但在实践中，双主体监管极易产生权力的混淆和责任的逃避，对投资联结型产品的监管仍存在风险。

💬 理财箴言

作为一种新型的终身寿险产品，投联险具有一般终身寿险产品的全部特征，只要死因不属于保单的除外责任范围，保险公司都会履行其支付义务，即提供所谓的"终身"保险保障。作为得到这种保障的代价，投保人需要支付相应保费。

保险的三大功能

📋 要点导读

> 生病的时候去看病，如果参加了医疗保险就可以报销，原本一百元的医药费，花四十元或者六十元就可以了，这体现的就是保险的经济补偿功能。

📇 实战解析

一般而言，保险具有如表10-1所示的几个方面的功能。

表10-1 保险功能一览表

功能	具体解析
经济补偿功能	经济补偿功能是保险的立业之基，最能体现保险业的特色和核心竞争力
	财产保险的补偿：保险是在特定灾害事故发生时，在保险的有效期和保险合同约定的责任范围以及保险金额内，按其实际损失金额给予补偿
	通过补偿使得已经存在的社会财富因灾害事故所致的实际损失在价值上得到补偿，在使用价值上得以恢复，从而使社会再生产过程得以连续进行
	这种补偿既包括对被保险人因自然灾害或意外事故造成的经济损失的补偿，也包括对被保险人依法应对第三者承担的经济赔偿责任的经济补偿，还包括对商业信用中违约行为造成经济损失的补偿
	人身保险的给付：人身保险的保险数额是由投保人根据被保险人对人身保险的需要程度和投保人的缴费能力，在法律允许的情况下，与被保险人双方协商后确定的
	指将形成的保险资金中的闲置部分重新投入到社会再生产过程中
	保险人为了使保险经营稳定，必须保证保险资金的增值与保值，这就要求保险人对保险资金进行运用
	经济补偿功能是保险的立业之基，最能体现保险业的特色和核心竞争力
资金融通的功能	保险资金的运用不仅有其必要性，而且也是可能的。其一，由于保险保费收入与赔付支出之间存在时间差；其二，保险事故的发生不都是同时的，保险人收取的保险费不可能一次全部赔付出去，也就是保险人收取的保险费与赔付支出之间存在数量差
	保险资金融通要坚持合法性、流动性、安全性、效益性的原则
	社会管理是指对整个社会及其各个环节进行调节和控制的过程。目的是正常发挥各系统、各部门、各环节的功能，并实现社会关系和谐、整个社会良性运行和有效管理
	保险作为社会保障体系的有效组成部分，在完善社会保障体系方面发挥着重要作用。保险通过为没有参与社会保险的人群提供保险保障，扩大社会保障的覆盖面。保险通过灵活多样的产品，为社会提供多层次保障服务
	保险公司具有风险管理的专业知识、大量的风险损失资料，为社会风险管理提供了有力的数据支持
	保险公司大力宣传培养投保人的风险防范意识，帮助投保人识别和控制风险，指导其加强风险管理

功能	具体解析
社会管理的功能	进行安全检查，督促投保人及时采取措施消除隐患；提取防灾资金，资助防灾设施的添置和灾害防治的研究
	通过保险应对灾害损失，不仅可以根据保险合同约定对损失进行合理补充，而且可以提高事故处理效率，减少当事人可能出现的事故纠纷
	由于保险介入灾害处理的全过程，参与社会关系的管理中，改变了社会主体的行为模式，为维护良好的社会关系创造了有利条件
	保险以最大诚信原则为其经营的基本原则之一，而保险产品实质上是一种以信用为基础的承诺，对保险双方当事人而言，信用至关重要
	保险合同履行的过程实际上就为社会信用体系的建立和管理提供了大量重要的信息来源，实现社会信息资源的共享

理财箴言

通过保险人用多数投保人缴纳的保险费建立的保险基金对少数受到损失的被保险人提供补偿或给付得以体现，具有互助性。从法律的角度看，保险是一种契约行为，因此保险具有契约性。保险是通过保险补偿或给付而实现的一种经济保障活动，因此保险不可避免地具有经济性。保险体现了一种等价交换的经济关系，是一种商品，因此具有商品性。保险是一种科学处理风险的有效措施，所以说，也就具有了科学性。

理性投资保险产品

要点导读

保险是种种投资方式中风险性最低、最能体现"雪中送炭"效果的理财工具。但是，由于缺乏保险知识，再加上一些保险代理人的"大力"推荐，多数市民购买保险并不理智。如何理智投资，切合实际地为自己和家人购买合适的保险产品成为很多人面临的新问题。

实战解析

为了能够达到买保险的实际目的，投资者在买保险的时候一定要遵守这样几条原则。

1. 确定保险需要的原则

购买适合自己或家人的人身保险，投保人要考虑这样几个因素。

（1）适应性

要根据需要保障的范围来考虑给自己或家人买人身险。例如，没有医疗保障的从业人员，买一份"重大疾病保险"，那么因重大疾病住院而使用的费用就由保险公司赔付，适应性就很明确。

（2）经济支付能力

买寿险是一种长期性的投资，每年需要缴存一定的保费，每年的保费开支必须取决于自己的收入能力，一般是家庭年储蓄或结余的10%～20%较为合适。

（3）选择性

任何个人和家庭都只能根据家庭的经济能力和适应性选择一些险种，而不可能投保保险公司开办的所有险种。在有限的经济能力下，为成人投保比为儿女投保更实际，特别是家庭的"经济支柱"，都有一定的年纪，其生活的风险比小孩子肯定要高一些。

2. 量入为出的原则

每个人的经济收入都会受到这样、那样的因素的影响，很难维持一成不变的水平。尤其对二十多岁的年轻人来说，由于收入不稳定一旦经济收入状况变差，就很难继续缴纳高额的保险费，因此购买保险的分量一定要多考虑在自己能够掌握的范围之内。避免退保就会造成损失，不退保又实在难以维持，处于两难的尴尬境地。对于老年人，他们一般工作相对稳定，经济收入趋于平衡，能够维持在一定的水平，但由于身体或其他方面的原因，可能导致平时开支出现剧增，如果投保了缴费比较高的保险，则到时可能缴不起保险费。

因此，作为一个理智的消费者，应该根据自身的年龄、职业、收入等实际情况，力所能及地适当购买人身保险，既要使经济能长时期负担，又能得到应有的保障。

3. 选择适当的保险产品的原则

购买保险产品主要应考虑保险产品的责任是否能满足自己的需求，充分了解有关保险产品和投保单证的各种说明资料、投保的手续和流程、自己能够承担的保险费和缴费期限等。

（1）品种的选择

要根据自身的职业量身定制需要的保险产品。对于在办公室做行政工作，很少出差的人，就没有什么必要买各种交通意外险。相反，对于在业务部门，经常出差，还要去危险的山区、高原工作的人来说投保意外险，显然能解除不少后顾之忧。

（2）交付方式选择

对于一般家庭，长期保险选择5～20年的缴费期比较合适。当然对于有较强的支付能力和较少投资理财渠道的家庭而言，可以考虑用一次性付费方式购买保险产品。

（3）利率的选择

在具体选择保险产品时，由于目前各保险公司人身险产品预定利率最高是2.5%，有的产品甚至只有1%左右的预定利率，是较低回报利率的保险产品，因此选择购买养老、年金和终身寿险类等长期性的险种时，如果有一定的经济条件，最好是选分红或投资联结类，虽然这一类产品价格比传统产品高一些，但能减少以后利率上涨时的损失。另外，由于保险公司目前的资金运用受到很多限制，投资环境也比较低迷，对该类产品的投资和分红回报也比较低，这属正常现象，我们应根据自己的实际需要购买，最好不要轻易退保，否则会有一定损失。

4. 重视高额损失的原则

人们除了购买保险没有别的更好的办法来对付风险。从现实来看，损失的严重性是衡量风险程度非常重要的一个指标。一般来讲，较小的损失可以不必要保险，而严重程度的损失是适合于保险的。对于高额损失就需要投保高保险金额。高保险金额可以使投保人得到最充分的保障，当然，其保险费自然会较高，但可以用提高免赔额的办法，降低保险费率，从而抵消高保额所付出的保费。在购买保险前，作为投保人应该充分考虑所面临的损失程度有多大，程度越大，就越应当购买这种保险。

5. 利用免赔额的原则

对那些消费者可以承担损失的风险，就不必购买保险，可以通过自留来解决。当这个可能的损失是自己所不能承担的时候，可以将自己能够承受的部分以免赔的方式进行自留。免赔要求被保险人在保险人做出赔偿之前承担部分损失，其目的在于降低保险人的成本，从而使得低保费成为可能。对被保险人来说，由自己来承担一些小额的、经常性的损失而不购买保险是更经济的，自留能力越强，免赔额就可以越高，因为买保险的主要目的是为了预防那些重大的、自己无法承受的损失。免赔额过低，固然可以使各种小的损失都能够得到赔偿，但在遇到重大损失时，却会得不到足够的赔偿，这是得不偿失的。

6. 不同时期需求不同的原则

人们处在不同的人生时期，个人年龄、工作时间、家庭结构、收入状况不同，那么所需要的保险也是不同的。因此，一定要摒弃自己刚刚进入社会，收入少，可以等到有钱的时候再投保的想法。其实年纪越轻，保费越便宜，因此投资保险越早越好。人在20～30岁刚刚踏入社会，由起跑线向终点冲刺，大多数人身体状况良好，精力充沛，且家庭负担不重，经济上无太大的压力。因此，保险的需求应限以自身保障为主，以健康、意外、养老保险为基础。在经济基础日趋稳定时，再投保一些投资类的保险，有稳妥固定的收益，这样，还可以为以后成家立业做准备。

7. 合理搭配险种的原则

投保人身保险可以在保险项目上搞个组合，如购买一个至两个主险附加意外伤害、重大疾病保险，使人得到全面保障。但是在全面考虑所有需要投保的项目时，还需要进行综合安排，应避免重复投保，使用于投保的资金得到最有效的运用。对需要经常外出工作、旅行的人，应该买一项专门的人身意外保险，而不要每次购买乘客人身意外保险，这样，一来可以节省保费，二来在任何其他时候和其他情况下所出现的人身意外，也会得到赔偿。以综合的方式投保可以避免各个单独保单之间可能出现的重复，从而节省保险费，得到较大的费率优惠。

理财箴言

保险最重要的功能就是在未来风险出现时对损失的一种经济补偿。所以，不应简单地将保险的收益率与其他投资理财产品相对比，并据此考虑保险投资合不合算，而应在只要温饱已经解决的前提下，根据自己的实际需要，给自己买一份保障。保险投资更多的是个人理财中的一种财务风险管理，主要是保障个人身体、生命或家庭财产受到损害后能够得到补偿，使风险得到分散，避免个人或家庭因为这些损害受到更大的伤害。

规划商业养老保险的四大参考因素

要点导读

商业养老保险因其具有较高的保障水平而受到消费者重视。在经济困难时期，消费者购买商业养老保险应从定额、定期、定型和定式（简称"四定"）四个方面去规划。

实战解析

"四定"规划商业养老保险，其中"四定"的具体内容如表10-2所示。

表10-2 四定规划商业养老保险内容一览表

项目	具体分析
定额	即需要购买多少商业养老保险
	商业养老保险提供的养老金额度应占到全部养老保障需求的25%～40%，因此在有了社会基本养老保险的基础上，考虑到生活水平逐步提高和物价等因素，消费者购买20万元左右的商业养老保险比较合适
定期	即合理确定缴费期限
	商业养老保险有多种缴费方式，除一次性缴纳外，还有3年、5年、10年、20年等几种期缴方式
	在经济困难时期，消费者购买商业养老保险，可适当缩短缴费期限，所需缴纳的保费总额将会减少一些
定型	即选择合适的商业养老保险产品
	目前市场上有养老功能的保险产品主要有传统型、两全型、投联型和万能型等几种。传统型养老保险的预定利率固定，且以年金产品居多；两全型保险具有保障和储蓄功能，同时还有分红功能，对抵御通货膨胀有很好的作用；投联型保险，不设保底收益，但保险公司要收取账户管理费等费用，盈亏由投保人自己负责；万能型保险一般有保底收益，保险公司要收取保单管理费、初始费用等费用，适合长期投资，一般要在5年以上方可看到投资收益
	传统型和两全型保险回报额度明确，且投入较少，比较适合工薪阶层的养老需求
	投联型和万能型保险由于投入较高、风险较大，比较适合风险承受能力较强的高收入人群
定式	即确定养老金的领取年龄、领取方式以及领取年限
	领取年龄在投保时可与保险公司约定，一般限定50岁、55岁、60岁、65岁等几个年龄段。领取方式则分一次性领、年领和月领三种
	对于养老金的领取年限，有的保险公司规定20年，有的规定可以领到100岁，有的规定可以领至身故，总体而言，保险公司一般都会保证投保人领满10年或20年

理财箴言

　　"四定"规划商业养老保险，给投资者对商业养老保险提供了范例，但是在具体实施的时候，投资者要根据自己的情况，具体分析，不可盲目地模仿。

寿险期限并非越长越好

要点导读

实际生活中有相当多的投保人，在选择保险期限上存在误区。要合理规划人身保险，必须巧妙选择保险期限。这个期限其实并非越长越好。很多投保人总认为保险的保障期限越长越好。这是一个比较美好的想法，同时也是一个误区。

实战解析

之所以说寿险期限并非越长越好是基于如表10-3所示的几个方面的理由。

表10-3 寿险并非越长越好的理由

理由	解析理由
无实际必要和效果	对于固定保险金额的保险来说，保障到70岁和保障到80岁，虽然可多保障10年，考虑到通胀因素，相同保额的实际保障能力是急剧萎缩的
	一名30岁的投保人，投保20万元保额，70岁和80岁发生事故赔付一样，但按照5%通胀计算，70岁的实际保障能力为2.8万元，而80岁的实际保障能力为1.7万元
	可见，最后影响已经是微乎其微了，对实际保障能力无多大效果，无非是心理安慰
保费过于高昂	同等情况下期限越长，保费越多
	最直接的对比就是定期寿险和终身寿险，一个可能只保30年，一个能保终身，但费用却相差接近3倍以上

通过上表所示的比较，可以看出保障期限越长，并不划算，相比这个额外的高昂保费花得并不值。

选择合适的期限，就意味着节约了合理的保费，可以按照以下两

218

类原则巧妙选择保险期限来做合理规划。

（1）区分单一保障和综合保障

如果只需要单一保障，如疾病或死亡类，那么期限长点是比较好的选择。如果是需要同时达到多方面的保障，又当养老又保障疾病，那么在期限上就要多考虑其他因素，不一定要期限长。某些程度上，这个选择是由保费预算决定的。

（2）特殊目的匹配特定期限

很多情况下购买保险并非是为了寻常目的，而是因一些特定情况来寻求保险公司的风险保障。例如，为了房贷而增加风险保障是一个明智的选择，买保险还有规避债务的目的。也有很多富人是采用终身寿险的方式来分配遗产，同时避税。这些都是有特殊的保险目的，因此他们的期限选择也是要有特定期限。

💬 **理财箴言**

如果投保人有多个子女，怕将来分配遗产出问题，就可以采用购买终身寿险的方式，平时投资一小部分，身故之后可按照约定的比例自动分配保险金给子女，同时还能免税。由于投保人很可能在年轻时就开始投保，很难知道自己寿命如何，选择定期寿险也许并不划算，终身寿险可能是更好的选择。

关于寿险索赔

📋 **要点导读**

购买寿险的最终目的，是在事故发生时，或达到领取保险金年龄时，能够得到寿险公司的赔偿或给付。要想顺利地达到这一目的，在购买寿险的时候还应该有所注意。

实战解析

在购买寿险之后，为了维护自己的利益，应注意如表10-4所示的事项。

表10-4 寿险索赔注意事项一览表

项目	解析
出险报案	被保险人发生保险事故后应立即通知保险公司
填写申请	由被保险人或受益人填写"理赔申请书"。申请书必须如实填写，以免延长案件调查时间
出具证明	持保险单、理赔申请书、最近一次交费凭证及有关证明交保险公司验证。如死亡、伤残，需提供死亡证明和伤残鉴定书；如交通事故，需提供交管部门出具的事故裁决书或认定书
调查核实	保险公司接到上述单证后要调查核实，核定是否属于保险责任
领取保险金	经保险公司核赔同意后，即通知被保险人或受益人领取保险金。《保险法》第27条规定：人寿保险的索赔时效为五年，自其知道保险事故发生之日起五年内仍然有权向保险公司索赔

理财箴言

保险的索赔是一般情况下都应该没有问题的，但是掌握一定的注意事项之后，也许会让索赔进行得更加顺利一些。

医疗保险不能重复理赔

要点导读

有人为了获得超过治疗费用的理赔金，分别在不同保险公司购买同等份额的意外伤害医疗保险。想要在各个保险公司各获得一份理赔，但事实上医疗保险是不可以重复理赔的。

实战解析

医疗险是作为一种补偿型保险，适用财产险的补偿原则：即保险金的赔偿不能超过被保险人实际支出的医疗费用。这种类型的产品不可能获得超过治疗实际花费的理赔费用，即便是重复投保，也只能是白白地浪费钱而已。

张先生为了获得超过治疗费用的理赔金，分别在四家保险公司买了四份保额均为1万元的意外伤害医疗保险。上个月他因车祸住院治疗，治疗共花费5800元。张先生本来以为自己可以获得四份理赔共计两万多元，最后只拿到医保报销的3800元加上一家保险公司报销的2000元，总共获赔5800元。

像张先生这样花冤枉钱的还有很多，这主要是他们存在这样一个错误的认识，以为多买就能多赔，从而花了不必要的钱重复投保。可以设想一下，假如张先生真能重复获赔并额外获利，会导致更多人热衷过度治疗，因为花费愈多意味着获利愈多。这不仅是对国家医疗资源的浪费，还将对各商业保险公司及社保医疗构成亏损威胁。

因此，在各家保险公司的条款中，均明确要求提供医疗费原始凭证作为获取医疗费赔偿的先决条件，复印件或其他收费凭证均不被受理。假如同时在几家保险公司购买了保险，在一家没有赔完的话就可以重复申请，直到他的收据金额赔满为止。但总额不会超过实际支出，第一家保险公司留存收据原件后，其他保险公司可接受分割单。因为医保中心不认同这个分割单，所以如果有医保的话，最好先在医保报销，再凭医保的结算清单到保险公司申请理赔。

理财箴言

重复投保单一的医疗险并无必要，投保人其实可以选择搭配其他的医疗定额给付型保险。

购买家庭财产险的技巧

📃 **要点导读**

> 　　当前，为了保障家庭财产安全，不少消费者开始投保家庭财产保险。但是消费者在购买家庭财产保险时应仔细阅读合同，留意保险责任，掌握一定的窍门。

📄 **实战解析**

1. 了解"家庭财产险"赔偿原则

投保前一定要明白"家财险"作为财产保险的一个险种，遵循补偿性原则，对于超额投保的部分，保险公司不负责赔偿。因此，超额投保"家财险"不能获得更多赔偿。所以说，消费者在投保家财险时应事先和保险公司沟通，不要超额投保和重复投保，最好的投保方法就是原值投保。

2. 了解家庭财产保险的投保对象

投保前要充分了解哪些可以投保家财险，哪些不可以。不是所有家庭财产都可以投保家财险。家财险的保障范围包括房屋、房屋附属物、房屋装修及服装、家具、家用电器、文化娱乐用品等，而金银首饰以及古玩字画等贵重物品，保险公司一般不提供保险保障；有的保险公司为家庭财产提供小额现金盗窃保险，但由于风险比较高，保险公司赔付的金额也不会高。

3. 投保家庭财产保险没有犹豫期

如果家庭里的大部分财产出现了变更，一定要到保险公司进行保单内容的变更，保费按天计算，多退少补；如果发生意外事故或自然灾害，造成损失的，特别是在自己不能确认保险责任的情况下第一时间通知保险公司，并要求保险公司上门查勘定损。

💬 **理财箴言**

对于家财险，投保人有维护财产安全义务，也就是说，如果发生自然灾害或意外事故，投保人应采取有效施救措施将财产损失降到最低限度，否则，保险公司会对因施救而产生的费用进行单独补偿。此外，投保人还应妥善保管所投保物品的原始发票，一旦出险，被保险人可以向保险公司提出理赔申请，提供损失清单，由保险公司派专人现场核保定损，清点确认损失。

签健康险合同要重视的细节

📋 **要点导读**

> 投保健康险一般要经过几个步骤，分析健康险需求、选择保险公司和产品、填写投保单并交纳保险费及最后签订保险合同。在这个过程中，有许多需要注意的细节。

💳 **实战解析**

在投保健康险的过程中需要注意的细节主要有如表10-5所示的几点。

表10-5 投保"健康险"注意事项一览表

注意方面	具体注意点
履行如实告知	保险法规定，个人在投保人身险时都有如实告知的义务，在订立合同时，应将自己目前的身体状况及既往病史如实告知，如有隐瞒，可能遭遇拒赔
必须亲自签名	不管投保人还是被保险人，都要由本人亲自签名。如果被保险人为未成年人，需经被保险人的法定监护人同意并签名
	这意味着投保人已经阅读并认可保单相关内容，并提出了真实的保险合同要约，亲自签名是保险合同成立的基础。代签名会影响到合同的法律效力
	投保人在购买保险时对费率等因素会精挑细选，而往往忽视了被保险人亲自签名确认才能有效这一关键要素
	在一定程度上保证被保险人的权益，千万不要让业务员代填保单，特别是代签名，否则被保险人的权益可能会受到侵害；也不能由家人为自己在保单上代签名字，以免产生纠纷隐患
注意绝对免赔额	指保险公司根据保险合同约定的保险责任做出赔付之前，被保险人先要自己承担的损失额度
	保险公司一般会对一定额度的住院或者意外医疗费用进行免赔
	主要是方便保险公司的理赔，因为有些数额很小的医疗费用，如果没有免赔额，那么都可以申请理赔，这样理赔的工作就会大很多，但这不意味着被保险人就会受到损失了，保险公司在厘定保险条款费率的时候，已经考虑了免赔额因素，费用比较低，被保险人会感觉保费比较便宜
	这种免赔额一般是每次申请理赔时都会执行，若需要长期治疗的疾病，最好等治好了，再一次性进行理赔，这样免赔额只有一个，被保险人的利益可以最大化
报销型产品不宜多	报销型保险产品主要指住院医疗和意外伤害医疗保险，这样的保险不是买得越多就越好，若买得太多，也不一定能全额理赔
了解保险责任	购买保险前，详细了解保险责任非常重要
	重疾险的保险责任，对重大疾病有严格的定义，目前包含有统一标准定义的25种疾病
注意免赔天数	住院津贴型保险主要是弥补因住院耽误工作而受到的损失，适当的额度就可以把自己的损失减到最低
	很多住院津贴保险会有免赔天数，一般3天，有的1天，当然也有的没有免赔天数，建议尽量选择免赔天数少的津贴保险

理财箴言

细节往往是人们容易忽视的地方，也是容易出现问题的地方，在投保健康保险时一定要了解注意事项。

保险如何索赔

要点导读

索赔，是指投保人或被保险人在保险事故发生后，根据保险合同条款的规定，请求保险人履行义务的行为。保险事故发生后，投保人或被保险人应及时提出索赔要求，并按诚实信用原则，提供有关证据，采取积极措施，协助保险人的理赔工作。

实战解析

一般来说，索赔程序包括以下几个方面。

1. 报案

发生保险事故以后，投保人或被保险人以及其他利害关系人应立即通知保险公司，这就是报案。报案的目的是使保险公司知道已经发生了保险事故。如果保险公司认为有必要，可以派人到现场调查事故原因和经过。损失通知的方式可以用口头或函电，一般采用后者居多，以此可以作为备查根据。对被保险人在发生损失后是否及时通知，是否由于延迟通知而影响责任审定，以及是否采取措施施救、抢救，是处理索赔时首先要注意的问题。有的险种对报案的时间要求较严格，条款就规定被保险人财产被盗后，被保险人应保护现场，并在24小时内通知保险公司，否则保险公司有权拒绝支付赔款。

保险公司接到损失通知后，一般会派人对受损标的进行检验，以便正确掌握受损原因、受损情况和受损程度等材料，判断是否属于保险责任。它是保险公司核赔的主要依据。

2．施救

保险事故发生后，被保险人应采取一切可能的合理措施进行施救，以尽量减少损失。保险公司对施救费用的赔付原则是：

（1）施救费用的支出，必须以发生保险责任范围内的灾害、事故为前提，对非保险事故引起的施救费用，保险公司均不予负责赔付；

（2）施救费用的支出必须合理、有效，如果施救费用不合理或者抢救措施并未起到减少保险财产损失时，保险公司不予负责赔偿；

（3）保险公司要求被保险人要像没有保险一样对待自己的承保对象；如果被保险人能够采取施救措施而不采取，致使损失扩大，对于扩大的损失，保险公司不负责赔偿；但在人身保险中，没有关于施救的规定。

3．索赔

索赔就是正式向保险公司提出赔款或给付保险金的申请。索赔一般应在保险事故结束、损失后果已经确定的时候提出。有些保险事故比较容易确定索赔金额，应按约定的保险金额赔偿；有些保险事故则需要经过复杂的计算才能确定索赔金额。另外，索赔要在保险事故发生之日起一定时期内提出，这被称为索赔时效。超过索赔时效期向保险公司索赔，保险公司有权不受理。

如果保险财产发生保险责任范围内的损失时，如是根据法律规定或有关规定，应当由第三人负责赔偿的，被保险人依法有权按照保险合同申请保险公司先予以赔偿，保险公司应先予以赔偿。被保险人应当将向第三人的追偿权移交给保险公司，并协同保险公司向第三人追偿。

💬 理财箴言

向保险公司索赔，财产保险一般应提交如表10-6所示的几种单证。

表10-6　向保险公司索赔所需单证一览表

单证	具体解析
保险单	证明与保险公司之间存在合同关系
损失清单	由被保险人计算编制，列明各项受损财产的名称、价值、残值及损失金额
事故证明	如交通管理部门出具的交通事故调解书、户籍管理机关出具的死亡证明、医疗机构出具的残疾程度证明等
其他有关单证	对于人身保险，一般而言，保险金给付申请书、保险单及最近一次缴费凭证，是各种保险金如生存保险金、残疾保险金和死亡保险金在申领中必需的文件
	但具体到不同的保险金，其要求提供的文件又各有不同

退保的流程和细节

要点导读

退保是指在保险合同没有完全履行时，经投保人向被保险人申请，保险人同意，解除双方由合同确定的法律关系，保险人按照《中华人民共和国保险法》及合同的约定退还保险单的现金价值。

实战解析

1. 退保流程

退保应该按照这样的流程：首先递交退保申请书(说明退保原因和从什么时间开始退保，签上字或盖上公章)；保险公司审核后出具退保批单(批单上注明退保时间及应退保费金额，同时收回保险单)；领取应退保险费(持退保批单和身份证到保险公司的财务部门领取)即可。

2. 退保的注意事项

（1）申请退保的资格人为投保人。如果被保险人申请办理退保，须取得投保人书面同意，并由投保人明确表示退保金由谁领取。

（2）投保人申请退保，合同生效满两年的，保险公司收到退保申请后退还保单现金价值；缴费不满两年的，保险人收取从保险责任开始之日起至解除之日止期间的保险费后，剩余部分退还给投保人。

（3）退保人在办理退保时要提供以下文件：

a. 投保人的申请书，被保险人要求退保的，应当提供投保人书面同意的退保申请书；

b. 有效力的保险合同及最后一次缴费凭证；

c. 投保人的身份证明；

d. 委托他人办理的，应当提供投保人的委托书、委托人的身份证。

💬 理财箴言

退保人应该注意如果出现在下列条件下，投保人或被保险人不能办理退保手续：

（1）已发生伤残医疗赔付的保单；

（2）已到生存领取期的保单（投保人已完成缴费义务，避免投保人为了自己的利益，损害被保险人的利益）。

第十一章 艺术品收藏品投资：
高雅的理财艺术

艺术品投资要有所选择

要点导读

> 艺术品是个极其广泛的概念，字画、邮品、珠宝、古董等，都属于艺术品的范畴。对于艺术品投资者而言，是不会也不可能对所有种类的艺术品进行投资的。

实战解析

常见的艺术品投资主要有以下几种。

1. 书画投资

书画是艺术品投资中不可缺少的角色，其重要性非常突出。

2. 古董投资

古董也称为古玩，是古代遗存的珍奇物品。古人因为视其主要价值在于玩味欣赏，所以称之为"古玩"。古董的价值昂贵，做工精美，品质优良，后世无法仿造。它还具有文物的价值，是考古研究古代历史、文化、艺术的重要依据。

有许多假古董充斥于古玩市场上，这给古玩投资者带来许多困难和障碍，一旦买入假货，就会使投资者蒙受巨大损失。

3. 集邮投资

集邮本来是一种相当普及的消遣方式，但近几十年来，它也成为一种极受注意的投资方式。邮票，首先作为邮资的等价物，具有实用价值；同时，作为一件艺术品，又具有欣赏和收藏的价值。

💬 **理财箴言**

投资者应根据自己的兴趣爱好、知识水平、经济实力等不同情况，选择某一种类或某一项艺术品进行投资，这样才有可能收到较好的效果。

选择合适的投资渠道

📋 **要点导读**

投资者涉足艺术市场，必须根据自己的情况选择合适的艺术品投资渠道。投资者首先必须了解可选择的艺术品投资渠道。

📑 **实战解析**

1. 从艺术家或其他艺术品所有者处私下收购

这种私下收购，可以不经任何中间环节，投资者的购入价可以相对较低，获利的机会较大，利润回报较高。尤其是在民间收购艺术品，若投资者独具慧眼，往往可能以极低的价格购进上等的艺术品。对从其他艺术品所有者收购的投资者而言，要谨慎小心，否则极有可能花高价买到赝品，上当受骗。

2. 从拍卖行通过竞价方式购买

卖的作品底价由拍卖人与委托人之间商定。如拍卖成交，买家向拍卖行交付一定的酬金，同时，卖家亦须向拍卖行支付一定的佣金。如果作品未能售出，拍卖行要按公布的比率扣除未能出售的佣金。通过拍卖行的宣传，投资影响较大。

3. 通过代理人或经纪人购买

由于代理人或经纪人对艺术品市场的情况较为了解，通过他们购买艺术品不失为一个较好的投资渠道。理想的代理人或经纪人应具有以下几项标准：对某一家、某几家或某一流派艺术家艺术特色及主张全面了解；懂商务知识和市场规律，掌握国内经营的实践经验和经济实力；具有可靠的人品及信誉；本人懂艺术，最好有一定的学术层次和知名度；事业心和责任感强。

4. 从画廊、文物商店、珠宝商店、集邮用品商店购买

这是投资艺术品的主要渠道之一。通过这一渠道购买的艺术品，一般而言，艺术品的质量有保证，不易买到赝品。不足之处在于这些地方所售艺术品价格均比较高，最好能先结识几个画廊、文物商店、珠宝商店、集邮用品商店的人，和他们先交朋友，摸清艺术品市场的行情，而不要贸然投资。

5. 从艺术品展览会上购买

艺术品展览会主要有如表11-1所示的几种形式。

表11-1 艺术品展览会形式一览表

方式	详细说明
个人作品展览	艺术家通过搞个人作品展览，既是一个展览过程，也是一个潜在的出售机会
大型综合联展	在大型综合联展中，投资者可以对众多艺术家的众多作品进行选择比较，挑选出最适合自己投资的艺术品
艺术博览会	投资者参加艺术博览会，不但有很大的机会购买到自己喜欢的艺术品，还可以通过博览会了解艺术品市场的发展动向及价格变化态势，作为今后投资的参考

💬 理财箴言

掌握了艺术品的购买渠道之后，根据自己这些渠道，才能够在合适的渠道买到有投资价值的艺术品。

艺术品增值的九大因素

要点导读

> 　　之所以收藏某些艺术品是因为这些艺术品具有增值的价值是一个最主要的原因，要想准确地测定某一艺术品的价值，就必须对艺术品价值的影响因素有一个了解。

实战解析

　　对艺术品价值产生影响的因素如表11-2所示。

表11-2 艺术品价值影响因素表

因素	分析
发行量	一般来说，发行量越少，就越易增值就越值钱，正所谓"物以稀为贵"
存世量	存世量与发行量有相似但也有不同之处，发行量少的存世量很少，但发行量大的，存世量却不一定都大
	由于时间长久或后期销毁、遗失、丢弃等原因，发行量虽大，却造成存世量较小，从而使藏品变得珍贵
需求量	需求量很大，造成供不应求局面的藏品，即使发行量很大，或发行时间较短，也较易升值
炒作因素	市场炒作，会使藏品价值上涨较快，但如果是暴涨的话，就应当谨慎了，因为人为炒作痕迹过浓，就会严重背离价值规律，导致暴跌
题材	如果是热门题材的藏品，特别是较有政治意义或较有历史时代意义题材的藏品，就很容易升值，如香港回归题材的艺术品
	其他题材很有特色的藏品也易升值
种类	如果此类藏品属于热门种类（如无齿小型张、风光邮资片等），或虽还未热起来，但较有潜力，也大有增值的可能
时间因素	一般来说，历史越久的藏品就越值钱
	在炒作空气较浓厚的今天，有些老藏品还不如新藏品增值快，但还有相当一部分藏品毕竟还是发行量和存世量较小，而且从一个侧面反映了那个时代的缩影

续表

因素	分析
设计因素	设计美观、较有观赏价值的艺术品也有增值的可能，因为早期搞收藏的人大都是因藏品的精美而乐于收藏的
原始股	炒艺术品亦如炒股那样炒原始的能够赚钱，因为藏品刚发行时，基本上是按面值买的，所以亏本的机会相对较小
	至于增值的快与慢、高与低，决定于多种因素，关键就在于你的慧眼所选的"股"了

💬 **理财箴言**

了解对艺术品价值产生影响的因素的时候，在进行选择艺术品的时候，投资者就可以有的放矢，选择出最有投资价值的艺术品。

如何评估艺术品的价格

📋 **要点导读**

> 从理论上来说，任何一件商品的市场价格应与其实际的价值大体相等，同时，随供求关系的影响，价格随价值上下波动。而从艺术品交易的角度看，情况要复杂得多。艺术品价格的复杂性，须引起投资者的重视。

📧 **实战解析**

艺术品价格的确定一般考虑以下几个方面的因素。

1. 艺术品本身的质量

艺术品本身的质量是决定艺术品价格的本质因素。在正常情况下，艺术品的艺术价值大体与市场价格一致，作品的艺术价值越高，其市场价格也越高。

2. 艺术品的稀缺程度

"物以稀为贵"，艺术品的稀缺程度往往与艺术品价格密切相关，艺术品越是稀缺，价格可能越高。

3. 社会经济发达程度

艺术品是属于社会上层建筑的东西，是人们在满足物质生活需要之后所追求的精神生活的组成部分。经济繁荣、生活水平越高，艺术品的需求量越大，艺术品的市场价格就越高。

4. 艺术收藏者的爱好、审美情趣和投资选择

艺术品市场上艺术品价格有较大的随意性。有购买力者对自己钟爱的艺术品，往往会不惜重金来购买。若对某一艺术家、某一题材的艺术品特别感兴趣，认为必有增值的潜力，往往会提高该艺术家及其作品的市价。购买艺术品的人是有钱人，但有钱人并不一定等于有很高艺术修养的人，他要按自己的欣赏习惯、特殊需要，甚至为图个吉利购买艺术品。

5. 艺术家的地位及健康状况的变化

艺术家的地位可能随着他的获奖、个展而急剧上升。成名艺术家的健康状况对其作品价格影响亦很大。

💬 理财箴言

上面所列的五个确定艺术品价格的因素，由作为商品的艺术品的特点所确定的，这是艺术家和投资者做出价格决策时所必须考虑的。

艺术品投资的风险

📑 要点导读

对于普通人来讲，为了避免投资失败导致亏损应该特别注意艺术品市场的投资风险。常见的风险主要包括买进过程中的经营风险和卖出过程中的市场风险。

234

📖 **实战解析**

1．经营风险

（1）真赝风险，即不慎买假

赝品是艺术品投资的大忌，是最严重的风险，一旦购买到了赝品，投资往往血本无归。随着艺术品市场的火爆，赝品的制作水平也越来越高。据一些专家透露，现在一些研究艺术品的人在利益的驱使下也参与到了造假行列。通常的手法是，采用先造假作，在研究和论述大师时将假作编入著作，然后将假作送拍或进入市场。由于有出版过的相关图录可供对照，假作很容易被当成真品。所以，为防止买假，尽最大可能杜绝赝品侵袭，艺术品投资人依托专家"掌眼"（鉴定）、谨慎是十分必要的。同时，一旦出险，也应尽最大努力去依法索赔。

（2）优劣风险，即不慎买错

虽不像上当受骗那样令人悲愤，但同样会白白扔掉一大笔钱，使投资回报率严重受损，故无异于刻心之痛。如购买中国名人书画，买到的不是精品佳作，而是常品、应酬画、平庸之作，那你就别指望今后有什么理想的收益。正确的方法应当是：投资前做出理智判断，争取用同样多的钱买最好的东西，力求物有所值或物超所值。

（3）结构风险，即不慎买偏

尽管你持有真货、精品，但投资方向、艺术品种却没选准，因而可能造成日后出手障碍，无法取得应有的收益。如中国书画、古董珍玩、珠宝翡翠、油画雕塑的市场行情不同，同是中国书画，古代、近现代、当代作品的投资回报也不同。这表明，艺术品投资亦需选"绩优股"、"潜力股"，如此方可事半功倍。

2．市场风险

从市场风险来看，以下两点在艺术品投资中应予特别关注。

第一，是社会经济条件变化带来的流通风险。人们公认艺术品投资在通货膨胀、物价上涨时期最能发挥作用，因为拥有艺术品可应付货币贬值，达到保值、增值的目的。但在通货紧缩、物价下跌时期，投资者普遍寻求的则是货币形式的利润，而非留待升值的艺术品。故从事艺术品投资，必须善于抓住机遇，适应社会经济条件的变化，从而获利。

第二，是艺术品市场本身变化带来的价位风险。艺术品市场常有冷热不均的现象，甚至被人为炒作形成"泡沫经济"，而你恰好在过热期以高价买进艺术品，那就等于把原本该属于你自己的投资利润透支给了卖家，导致手中艺术品未来增值空间的狭小或者"没缝"，甚至是负数。可见，艺术品投资必须防止过热入市，方可避免无谓损失。

💬 **理财箴言**

国内艺术品市场的欠规范，势必影响到投资者对艺术品的投资预期。从市场角度讲，如果艺术品价格不明朗，在一定时间内持续大幅走高，那么，未来再有大幅升值的可能性就非常小。此外，由于不像股市或房市的价格反应那么灵敏，艺术品的价格很有可能在不知不觉中出现变动。

投资字画作品注重升值潜力

📋 **要点导读**

并非任何艺术品都适合投资，要想从浩如烟海的艺术品世界中精选出那些有升值潜力的艺术品，应该按一定标准来判断。

📇 **实战解析**

1. 艺术品的真伪是投资最重要的前提

如果买回来的是假货，不但失去了投资盈利的机会，而且还会造成巨大的损失。

2. 要选择精品

由于艺术家与艺术家之间文化修养、个人素质、创作风格、艺术造诣等方面的差异，自然其作品会有很大差异。同时，就每个艺术家自身来说，其一生的作品非常多，并非所有作品都是精品，称得上是上乘之作的并不很多。因此，投资和收藏艺术品时应以"精"为标准，在相同或相近的价位下，尽量挑选出最优秀的作品。

3．要选择比较完整的艺术作品

当艺术品表面有虫蛀、破损、污秽等现象时，均会影响艺术品的价值；另外，如八屏条和四屏条的字画缺少某个条幅时，也会影响其升值的潜力。

4．要选择稀有和独特的艺术作品

艺术品投资品种是"物以稀为贵"，在大家还没有认识到其收藏价值之前，抢先进行收藏，不但机会多，而且价格低。具有创新意义的独树一帜的艺术作品是稀有的东西，这些首开先河的艺术品非常具有投资价值。

💬 **理财箴言**

投资收藏艺术品的过程中，肯定会遇到如何鉴赏和选择艺术品的问题，投资者可以借鉴上面提出的鉴赏标准，但要灵活不可拘泥于形式。

谨慎投资当代艺术品

📋 **要点导读**

艺术品资源的稀缺性，决定了其未来市场所具有的广阔发展空间。就资本流动性而言，分布各地，有广阔的交易平台，保障了资本流动的有效性。然而，"股市有风险，入市须谨慎"，同样适用于进入当代艺术品市场的投资人。

▣ **实战解析**

中国当代艺术品市场的形成只能追溯到20世纪80年代，在此之前，尽管也时常有当代艺术品的交易行为出现，但远没有形成规模化的市场。中国当代艺术品市场更是借助于"外力"而生成的，从其诞生之时就存在三个不成熟。

1. 投资人结构不均衡导致投资主体的不成熟；

2. 市场生成机制与运作规范的不成熟；

3. 大量涌入市场的艺术家创作主体性缺失导致艺术品创作的不成熟。

这三个方面的不成熟依然表现在当前的艺术品交易市场中，一般而言，成熟艺术品市场中，一件艺术品只有经过几年甚至几十年的市场沉淀才能突显出其艺术价值和市场价值，中国当代艺术品市场如此火爆，就是其不成熟的一个表现；许多艺术家面对市场财富的诱惑，迷失了自己，艺术创作主题、创作作品成了经济"项目"，一时间千军万马搞"波普"，如此壮观的场面透射出来的恰恰就是艺术作品创作者的不成熟。

面对日趋火热的交易场景和不断攀升的市场价格，投资人应多一分理性并与市场保持适当距离，这是艺术品市场规避风险的最佳方式。具体到一件艺术品的价值评估上面来就是在评估的时候，不仅要将同时期其他相似风格艺术家的作品进行横向比较，也应将作品放在该艺术家的创作历史维度中进行纵向参照，对市场而言，最好的艺术家的作品应有最高的市场价值；而对作品而言，每个艺术家最成熟、创作状态最好的作品才应是最有市场价值的作品。

💬 **理财箴言**

中国的当代艺术品市场中，拥有许多优秀作品。但是，由于艺术作品本身在市场中的沉淀时间较短，艺术品的市场价值与其艺术价值的背离是无法避免的，因此，谨慎入市、注重艺术品自身艺术价值的深度挖掘，应当成为投资中国当代艺术品的不二法则。

第十二章 邮币卡投资：家庭理财的新宠

新兴的投资市场

要点导读

　　邮币卡交易是继股票、期货、贵金属之后，又一个全新的投资理财领域。它是基于各级人民政府金融管理部门批准设立、接受证监会牵头的"联席会议制度"监管的文化产权交易所，专门开展钱币、邮票、磁卡类文化藏品的挂牌、交易、交收业务。文交所邮币卡交易以现货托管为交易基础，以客户端交易软件为交易平台，以互联网为纽带，实现注册会员的线上买卖交易，是落实国家政策，以金融扶持文化产业的一次划时代革命。

实战解析

　　顾名思义，邮币卡主要就是邮票、钱币、电话卡或者IC卡的统称。

　　邮——集邮品，包括邮票、小本票、邮资明信片、邮资信封、实寄封、实寄片首日封等一切邮政用品。还包括印花税票。

　　币——钱币，包括流通币（市场流通的纸币和硬币）、贵金属币（金币和银币）、非贵金属币（除金银币外的金属硬币）。可以分为国内币和国外币等。总之，是指可以合法买卖的所有钱币。

　　卡——原指电话卡，最早特指田村卡也是我国使用最早的电话卡，现已被IC卡替代。田村卡主要分为两种，一种是全国通用卡，由当时的国家电信局发行；另一种是地方卡，由各省市地方电信局发行。

理财箴言

在设立电子交易市场之前，邮票、钱币、卡证等物品都是收藏者们才会去玩的"古董"，而且都是亲自到地摊或是集市进行面对面交易。但是现在时代变了，如果还停留在记忆里的那些画面，那就说明自己有点跟时代脱节了。随着"互联网+"的兴起，邮币卡突然"高大上"起来。时代变了，有了电子盘，已经可以像炒股一样炒钱币邮票，这给收藏者带来了革命性的改变。

邮币卡电子盘

要点导读

邮币卡电子盘，是依托互联网在网上从事邮票、钱币、各种卡片通过实物托管，实现邮币卡线上挂牌交易。这是中国人的创新，像炒股票一样买卖邮币卡。它以实物为背景，不像股票有分红，但也不像股票亏损导致退市。它破除了实物交易中辨伪、品相识别、邮寄和保管等方面弊端，增强了邮币卡变现功能，拓展了交易空间。投资人在计算机上自主完成买入、卖出或申请提货，资金随时可进出，非常方便。它没有投资门槛，且不收取开户费，将成为家庭资产组合和新型投资机构的新选择。

实战解析

以南京文交所为例，假设现在有20万张"虎大版"邮票，希望进入电子盘进行交易。那么，交易所首先要请权威的专业人士对这些邮票进行鉴定，确认真伪后，再与委托人签订详尽协议，并将邮票放入第三方金库进行托管，随后以实物市场八折的价格确定申报价，这样，这批

"虎大版"邮票就纳入了网上电子交易平台系统进行即时交易，普通投资者可以开始正式在网上炒藏品了，之后的价格就随行就市了。

南京文交所还吸收了国内股票、期货等金融产品交易的经验和教训，现在南京文交所的电子交易基本类似于股市交易的网上交易系统，但邮币卡电子盘里，实行了T+0交易方式，你买入的任何品种当天都可以随时卖出，同时新品申购实行的T+3规则，大大减少了投资者资金占用。当然，如果你觉得实物有收藏价值，你完全可以把你电子盘购买的藏品"提货"拿回家。

邮币卡电子盘现在最大的机会在于其刚起步，了解的人还不多。因此，在接下来一段时间内还具有非常好的投资价值。当然，但凡金融产品，也都有不小的投机性。

邮币卡电子盘从2015年开始，在未来2～3年的时间内，都将具有良好的投资机会。由于如今信息化技术已经高度发达，当下进入电子盘交易市场十分便捷，同时由于有第三方专业规制保障，现在仍是入市良机。

理财箴言

目前，国内的投资渠道相对于发达国家来说，还是十分匮乏。而邮币卡电子盘由于一切都"方兴未艾"，因此跟早期的股市一样具有较大的机会，并且只要严格遵守炒作规则，把握一定的规律，其风险性也是可以被有效控制的。

邮币卡投资与股票投资的区别

要点导读

邮币卡电子盘同股票一样具有相当好的流动性，而且由于邮币卡市场大环境的持续走好，其收益率十分惊人，而且涨势持续时间较长，往往一款产品在短短几天内价格就较上市价翻一番，部分品种上市几个月内涨幅甚至达到

> 500%～1500%。然而，和股票相比，两者也有很大不同。

💳 实战解析

二者的区别主要体现在以下几个方面。

1．投资的标的物不同

邮币卡是实物品种，它可以提实物（各个文交所及各种藏品会有相应的提货要求），又可放在自己的资金账户，类似于农业银行的存金通，既有投资功能，又有收藏功能。股票不可以提实物，只能单一买入和卖出。

2．标的物的属性不同

钱币邮票它本身是一种文物艺术品，代表着每个时期国家的乡土人情、经济、政治、文化和科学技术，有着当时的流通职能，有法律的制约。股票代表的只是单位企业本身，反映的是企业的生产经营情况。

3．T+0和T+1的区别

南京文交所邮币交易平台是当日交易时间内可无限次买卖，上证和深证交易所规定当日买的股票只能第二天卖出。

4．价格透明度不同

钱币邮票的价格有全国各地邮币卡市的实物成交价格做参考，而且各个钱币邮票交易中心也有相同品种上市，有很强的可比性。股票的价格和净值、收益等关系不大，只跟散户和庄家的炒作程度有关。

5．长期投资价值不同

钱币邮票交易平台是新兴行业，没有以前的数据作为说明，但从钱币邮票实物的绝大多数品种看，价格都是爬山感觉，向上增长。随着时间的推移，价格和时间成正比，不论古代钱币还是现代的钱币邮票，都有这个规律，都是45度角斜坡曲线向上增长。纵观股市，长线收益率因个股质地而有很大区别，很少有能够持续、稳定、高速增长的企业，企业机遇期一过，投资价值就剧降。

6．不可增发不可派送和可增发可派送

钱币和邮票是国家权威机构发行，有一定发行量规定，且通过收藏、礼品、投资等的不断消费，数量有减无增，会越来越少。但股票的增发、派送和配股使得股票数量越来越多。

理财箴言

钱币邮票的上市形式主要是个人行为，通过文交所的品种征集，个人或单位将品种送给指定鉴定机构，确定品相合格后送入金库保管，通过确认电子份数，再上电子平台交易，股票的上市是以企业单位为标的，必须经过几十个政府、机关和有关部门审查审核，要耗费大量的资金和时间在各个环节上，上市成本很大，从而引起企业股票未上市，股价被明显虚高等现象。

邮币卡交易的主体——文交所

要点导读

文交所的全称是文化产权交易所，是从事文化产权交易及相关投融资服务工作，促进文化产业要素跨行业、跨地域、跨所有制流动，推动文化产权交易、企业改制、资产重组、融资并购、创意成果转化，促进文化与资本、文化与市场、文化与科技的紧密对接的综合服务平台。

实战解析

1. 文交所的合法性

文交所采用政府引导，市场化运作方式，遵循"公开、公平、公正、规范"的原则，以文化物权、债权、股权、知识产权等各类文化产权为交易对象，依法开展政策咨询、信息发布、产权交易、项目推介、投资引导、项目融资、权益评估、并购策划等服务，为各类文化产权流转提供交易平台及专业服务，建设集文化产权交易、投融资服务、文化企业孵化、文化产业信息交流和人才培训为一体的综合服务平台。

文交所是以实物为依托的收藏品电子交易投资平台，它必须接受政府的监管才能成立，现在很多地方都在尝试成立文交所，比如南京文交所、广州文交所、上海文交所、北京文交所、中南文交所、江苏文交所、北京金马甲文交所、华夏文交所、海西文交所、宁夏文交所等，这些文交所是已经成立并且在运营的。经过两年左右的实践，有些文交所已经脱颖而出，比如南京文交所、广州文交所和福丽特文交所，都已经成为具有相当规模的投资平台。

这是个大浪淘沙的时代，随着市场的发展，相信会有一大部分文交所死掉，而强者更强，弱者更弱是自然竞争的法则。

2. 适合不同的投资群体

作为一个机会，任何实物的早期都是介入最好的时候，因为无论什么原因，成立者都不想自己的企业平台死掉，况且现在的文交所大部分都有官方的背景，比如福丽特文交所的最大股东就是北京国资委。而早期介入抓住机会总能比后来者收获更多。

💬 理财箴言

文交所不限制一天的交易次数，实行T+0的方式，只要是交易时间内就可以随时买卖，并且交易款项实时到账，资金由银行三方监管，任何机构无法挪用你的资金，也就是说你平台账户的资金是在银行的资金池里，风险为零，你可以随时取用。文交所属于线上的现货交易，没有最低交易额，没有投入多少限制，有些藏品也就几十元钱适合所有资金的投资，没有任何限制。

电子盘交易制度的软肋

📑 要点导读

邮币卡作为自然收藏品，本身具备文物艺术附加值，而电子化交易模式，赋予了邮币卡投资和理财的金融属性，在文化收藏热的助推下，邮币卡电子盘或将成为文化爱好者及投资人的"掘金地"。邮币卡原本只是小众的收藏品类，自从跟互联网和金融结合后，小圈子迅速扩大，同时也让更多的人知晓了邮币卡电子盘交易的魅力。但是这个备受关注的市场，现在都有些什么问题和缺陷呢？其实这也是投资者最担心的问题，也是目前电子盘交易制度普遍存在的一些软肋。

实战解析

电子盘交易制度容易出现以下缺陷，是广大投资者必须注意的。

（1）电子盘限制托管，使实物价和电子盘差价太大。在已经发生的大涨之后，一旦下跌趋势形成，亏钱效应太大。

（2）电子盘短时间内市场份额扩张太快，价格上涨太快，形成很多的成交量空白区间，属于价格的非正常波动。

（3）极少数电子盘涉嫌非法经营、强制交易。

（4）有些文交所可能仓库中没有货，只有虚构的数字筹码。

（5）如果大量投资者提货，文交所可交易品种的份额减少，导致手续费收入降低，为此可能会设门槛不让投资者提货。

（6）大量场外人士因为不懂邮票，也不知道有实物市场可以卖邮票，而不可能从文交所中提出邮票。这会使他们跌到再低也不会提货，也会不惜一切代价地超低价打折卖电子盘上的筹码。

（7）管理层明知道哪些品种进入电子盘增值潜力将会很大，但苦于没有人提出申请托管。藏品再好，没有从现货市场申请托管那就无法进入电子盘，也就只能在现货市场流通，无法流传到电子盘中。

（8）审批制的主托管申请人为了维护自身的利益，必然会千方百计地限制散户托管品的通过率，从而造成鉴定过程中主托管人和散户托管者，甚至散户托管者与电子盘管理者的严重对立。

（9）审批制容易产生利益输送，主托管申请人为了能够尽快托管，必然会千方百计地向管理层输送不正当利益，甚至采用公然的行贿手段。

💬 **理财箴言**

邮币卡电子盘作为一个新兴的市场，在某些方面来说其发展是很成功的，但是成功却不代表是完美的。因此，投资者必须在入场投资前，熟悉交易规则和市场可能存在的漏洞，这样才能不至于陷入盲目投资的困境。

独特的投资理财方式

📑 **要点导读**

> 有了电子盘，收藏者再也不用考虑受什么时间、地域、空间等的限制了。只要动动手指就能通过一根细长的网线完成买卖，这样不仅效率高，而且更加安全、便捷。更重要的是交易所有权威人士对这些邮票鉴定确认真伪，再与委托人签订详尽协议，并将邮票放入第三方金库进行托管，随后以实物市场价格确定申报价，这样就不用担心自己会买到假的邮币卡。

💳 **实战解析**

随着邮币卡电子盘的不断壮大，文交所也逐渐显现出其特点，主要表现为以下几个方面。

（1）全民收藏。邮币卡在工艺和设计上都是经过精心琢磨的，都蕴含了重大的意义。对邮币卡的收藏也是我国很早就有的一项收藏活动。邮币卡电子盘化后，投资收藏的人群，实际以千万计，形成一个庞大的收藏、投资群体。

（2）具备资产和投资属性。什么叫资产呢？资产实际上就是一种资金的占用形式，是一种保值增值的工具。在欧美，艺术品虽然有其财富的表征的功能，但大家更多的是去追求其精神价值，也就是说以收藏为主。但在中国，大家更多地去关注邮币卡的财物收益，也就是说，在中国，邮币卡是一种资产。

（3）邮币卡金融的创新非常活跃。2014年邮币卡还处于酝酿阶段，到了2015年上半年，邮币卡的电子盘就可以崭露头角，但南京文交所的开户会员已达百万人左右，而且目前全国各地有近百家文交所在陆续开展，这个数字还不是固定的，它还在继续蔓延增长。

（4）长期受益性。邮币是一种文化产品，随着时间的累计其收藏价值会逐步增加；邮币卡电子盘是在线的现货交易，可随时提货，邮币卡电子盘邮票和钱币因为历史因素会随时间推移而升值，邮票钱币是对真品的投资和收藏。

（5）时间灵活性。文交所开通了夜盘交易，使交易时间具有更大的灵活性。

💬 理财箴言

电子盘的交易方式使得邮币卡市场开始逐渐活跃起来。以南京文交所领军的邮币卡电子交易开始席卷于金融市场。据报道，目前全国最大的十余家邮币卡电子盘交易中心或文交所，每天开户人数超过2万，涌入资金超过20亿元。2015年邮币卡行业人群2700万，邮币卡现货市场市值6000亿元，预计未来将会保持高速增长。

邮币卡投资理财的优势

📋 要点导读

邮币卡电子盘交易是以网络作为纽带，以计算机作为交易的主体，使得买卖双方迅速完成交易的一种先进的交易方式，其效率、资金的使用率、标的周转率好过实物交易。我们看到股票也从原来的实物交易转变为电子盘，并且获得了巨大的发展。所以说，电子盘是一种先进的交易方式，但不代表交易的属性都一样，股票和邮币卡在电子盘上的表现形式可能一样，但二者实质的区别则是天壤之别。

实战解析

邮币卡市场的优势有以下几方面。

1. 投资过程简单易学

和股市一样的涨跌幅限制，每天一样的交易时段，甚至连交易软件也与股市相仿，使得操作变得简单易学。而且，邮币卡的分析过程也相对简单。因为其基本属性从它出来的那一刻就已经定型，是不可复制的政治纪念品、文化纪念品、人类文明进步史。其文化价值定义随着时间的积累、票量的减少而有增无减。而其他投资项目受国家的政策、行业的兴衰、经济的增减以及投机操作等影响因素较多，投资者很难一一掌握。

2. 流通盘小，趋势明显

盘子较小的市场，其主力的多空方向容易判断出来，一般玩过股票、期货、外汇的投资都能很容易做到这一点，新票上线都会走出新高，给自己一个心理价位，不贪多，到心理价位就可以选择获利了结，赚钱很容易。

3. 交易方式灵活

邮币卡电子盘是通过实物挂牌的方式将原本分散于邮币卡现货市场的邮票、钱币、电话卡、纪念章等收藏品，实物集中起来分类托管上市，并借助互联网进行交易的新型电子化交易模式。邮票电子盘可以当天买卖，T+0的操作模式，价格高了我就卖，价格低了我就买，主力船大很难掉头，而散户投资者可以见风使舵，看准庄家的方向，上涨就跟进，下跌就卖出，很好控制和规避风险。

4. 具备长线增值效应

因为邮票的发行数量都是有限的，而在市场的流通中有相当一部分会缺失、污染和实用等消耗，其总数量还会不断地减少，物以稀为贵。中国人口众多，平均100个人还分不到一张邮票，线上交易可以赚钱，线下收藏也可以赚钱。因此，邮币卡的长线增值效应明显，可收藏，可投资。

5. 打新中签率高

邮币卡电子盘相比于股市门槛低，无须保证金，几元、几十元就可参与打新，投资者可以在多家文交所错开时间打新，中签率往往高于股市。

💬 理财箴言

由于上述的众多优势，诞生于2013年的这种邮币卡证券化交易模式，如今正形成一股席卷全国的投资热潮，虽然参与户数、市值规模等指标赶不上股市，却已在不断吸引越来越多的关注目光。

投资邮币卡电子盘的准备事项

📑 要点导读

投资其实跟砍柴一样，我们要想砍更多的柴，除了要勤奋努力，还得刀够快。我们在邮票市场投资，首要的就是先磨好刀，练好自己的投资能力。很多新进入邮市的投资者过于急躁，刚开始就想着赚钱。没错，来这里几乎所有人都是为了赚钱的，但却很少人先去想怎么样才能先提高自己的投资能力。

💳 实战解析

1. 学习必要的专业知识

工欲善其事，必先利其器。刚开始炒邮可以计划先用几个月去专门学习，提升自己的投资能力，在这半年期间不要求自己赚多少钱，只要自己投资能力不断提高强化。之后才是赚钱的时候，但也不能忘了学习提高自己，这时是一边赚钱一边学习。

投资的路很漫长，赚钱的机会很多，那么为什么要那么急着在没有练好本事的时候去赚钱呢？往往越是着急从邮市投资赚钱的人，越容易导致亏损。

2．了解相关交易规则

作为一个新兴的投资渠道，投资者在进入市场交易之前应该充分了解相关的交易规则。对熟悉股票交易的投资者来说，虽然二者在具备交易过程中有许多的相似之处，但也必须了解二者的区别。

3．准备好电脑和网络

这点很重要，网上关于邮币卡的资讯信息是十分充足的，尤其是价格方面资讯，每日都有专家站点进行更新报价。如果上网操作熟练的话，其实工具书也都可不要了，可直接用搜索功能进行查找。但网上的信息，需要进行识别，可参考但不可完全依赖，尤其是行情报价方面，最好直接在相关的交易站点按品种进行搜索查询近期的实际成交状况。

4．具备风险意识

在邮市里，残酷的现实证明大部分人会亏钱，而亏钱最多的大部分又集中在新邮民里。很多人抱着发家致富的梦想来到邮市里，以为邮市是提款机，这种心态让他们遗忘了风险，倒在了他们没有风险意识的疏忽中。投资中我们要有可能会出现各种风险的心理预见性，多考虑遇见风险后我们应该怎么办，居安思危，有备无患。

因此，要有风险意识，要规避邮品的高价位区域，要避免因其他原因受骗上当遭受损失；另外，建议心理投资收益预期不可过高，一般稳妥投资，逢低买入逢高卖出，年收益30%左右比较容易实现。心理预期设置过高而又实现不了，会影响到投资的正确判断与决策。最好是树立长期价值投资观念。建议主要是在适当低的价位时分批量进行购买，一可摊低投资成本，二可适当规避风险。冷静地看待涨跌，不可有追涨杀跌的投资习惯。

5. 充裕的时间和资金

邮币卡收藏与投资，要有充裕的看盘时间，而且投入的资金必须在可承受的范围内，不可影响到正常的生活和工作。

邮品投资不必太在意一时的涨跌气氛，其实很适合大众投资者。资金投入上要记住，只可以少量闲钱投入，抱着玩玩的态度，这点需要严格控制。很多老玩家，常常犯下这一错误，不停地买入，结果没见到多少收益。

💬 **理财箴言**

在刚开始不了解邮币卡市场的交易特点时，应当少量买入；当有自己独立的判断力后再考虑加大投入。经验需要时间和更多信息的不断获得后取得，所以初学者，最好是先少量投入，这样的话，在投资过程中交的学费也就会少些。

文交所的选择

📃 **要点导读**

> 文交所的全称是文化产权交易所，是从事文化产权交易及相关投融资服务工作的综合服务平台。目前，全国的文交所业务发展并不充分和均衡，仅文化艺术品现货与电子盘交易（其中又主要是文化收藏品中的传统收藏标准物邮币卡）被有效开发。所以，目前阶段，邮币卡（电子盘）几乎等同于文交所（电子盘）。

💳 **实战解析**

1. 文交所分类

按照规模划分，全国的文交所大致分为三个等级。

（1）大型文交所

此类文交所日交易规模在10亿元以上，开户数50万以上。符合该条件的文交所，目前只有一家，即南京文交所。

（2）中型文交所

此类文交所日交易规模在亿元，开户数10万以上。符合该条件的文交所有中南文交所、南方文交所、湖南文交所、华中文交所等十余家。

（3）小型文交所

此类文交所日交易规模在亿元，开户数10万以下，数量庞大，占文交所数量的80%。有九州文交所、青西文交所、海西文交所、东北文交所等。

按照上级主管单位的行政级别划分，有如下三个等级。

（1）国家级文交所

2011年12月30日，中宣部、商务部、文化部等五部委共同发布《关于贯彻落实国务院决定加强文化产权交易和艺术品交易管理的意见》(中宣发〔2011〕49号)，明确指出"国家重点支持上海和深圳两个资本市场成熟、产权交易基础好的城市设立文化产权交易所作为试点。"

一批文交所得到国家"清理整顿各类交易场所部际联席会议"批准，属于国家级资质。这些文交所包括南京文交所、南方文交所、福丽特文交所、金马甲文交所、江苏文交所、湖南文交所、南宁文交所等。

（2）省级文交所

得到省金融办等金融管理机构批准，由国家"清理整顿各类交易场所部际联席会议"备案，属于省级资质。代表性的文交所有中南文交所、中京文交所、安贵文交所等。

（3）地级文交所

地市一级金融办批准资质的文交所。九州文交所、青西文交所、海西文交所、汉唐文交所、乾元文交所等。

按照交易内容划分，有文化艺术产品（电子盘）交易所、文化艺术产品产权及衍生权益交易所。其中，有文化艺术产品（电子盘）交易所，又包括邮币卡交易所、艺术品交易所、票证文交所、其他收藏品交易所等。

目前的邮币卡市场，主要交易的是文化艺术品中的标准收藏品，主要是邮币卡。个别文交所开通了文艺作品、票证交易、酒类和茶叶等收藏品交易。

按照交易时间划分，有日盘文交所、夜盘文交所等。目前的文交所，绝大多数都是日盘交易所。目前，天津文交所、安贵文交所开通了夜盘交易。

2. 文交所的选择

全国的文交所有四十多家，各文交所的规模、客户数量、日交易额、交易手续费、交易品种、关联金融机构、优惠政策有很大的差异。在什么样的文交所开户大有讲究。

一般来说，如果关注投资的安全性、可靠性和稳定性，要优先选择运作国资比例高、运作规范、基本面好的文交所。

如果投资者对某只或某类投资票品有信心，可针对性地选择对应的文交所；比如有的文交所的特色是邮票，有的文交所的特色是钱币，有的文交所的特色是封片。

如果投资者考虑出货效率，优先选择那种规模大，开户数多，日交易额大的文交所。

如果投资者考虑自己的作息便利，可选择有日盘和夜盘的文交所。

文交所针对新开户用户的优惠政策很多，这也是新用户选择文交所的参考要素之一。

总之，要选择那种投资更便利，资金更安全，利益最大化的文交所。

💬 **理财箴言**

虽然邮币卡（电子盘）是文交所（电子盘）的一角，但因其涨幅大，收益可观的特点，吸引了文交所最主要的投资者参与。

当前的文交所名称各异，有文化产权交易所、文化艺术品交易所、文交所有限公司、文化产权交易中心、大宗商品交易中心、邮币卡交易中心等。虽名称各异，但功能是一样的，规则也大同小异。

选择经纪商

📑 **要点导读**

> 所谓经纪商，顾名思义，就是文交所的经纪人，受理文交所的开户注册，为投资者提供投资咨询服务等。经纪商以开户客户的交易佣金为主营收入，与文交所是利益共同体。投资者投资邮币卡，需要在文交所开户，登记在经纪商名下。

📇 **实战解析**

由于经纪商成分复杂，专业性和服务质量参差不齐，差异明显，因而，如何选择经济商对投资者的利益很关键。

一般来说，要选择那种有实力、讲信誉、无不良口碑、有专业团队指导和服务的经纪商。各文交所都有经纪商名录，文交所还不定期搞开户送礼活动，因而相关数据可通过文交所网站查阅。由于开户数、有效开户数、交易额等与经济上的利益息息相关，经纪商会经常搞一些新开户酬宾、优惠活动，对新入门的投资者而言，优惠内容林林总总，差别较大，投资者可选择那种优惠幅度较大，特别是与文交所同时搞活动的经纪商，使利益最大化。

💬 **理财箴言**

全国经纪商有上千家，经纪商的门槛很低，目前也无相关规范。当前的经纪商有的是文化公司衍生而来，有的从邮商转化而来，有的是商贸机构，有的从期货经纪人转换而来，有的由庄家自营。不同的经纪商成分复杂，实力悬殊，专业性差异较大。部分经济商同时又是某个上市藏品的投资商。

电子盘短线操作技巧

📑 **要点导读**

> 　在邮市投资中，短线投资者若想更好地获利，掌握更多的邮市投资技巧是关键。

✉ **实战解析**

1. 积极参与市场热点

能够及时发现市场的短期热点所在。事实上，总有少数个票不理会大盘走势走出出色的短线行情，同时带动整个板块。短线操作的对象就是要选择这类被市场广泛关注却有大部分人还在犹豫、不敢介入的藏品。

不少投资者机械地固守"长线是金"的教条而排斥积极追随热点并不断换品种的邮市操作手法，捂仓不动不仅有可能几个月下来一无所获，而且很容易在不经意和消极等待之中套牢。追随市场热点就成为投资者赖以战胜大盘并取得理想投资收益的途径之一。阶段性热点均为投资者提供了一定的中短线投资机会。因此，投资者如果能够按照邮市热点的轮换规律把握住市场机会，则仍能获得相当可观的投资回报。

2. 重点抓强势板块中的龙头品种

在热门板块中挑选个票的时候，一定要参与走势最强的龙头品种，而不要参与补涨或跟风的个票。这类龙头品种，某板块走强的过程中，往往上涨时冲锋陷阵在先，回调时走势抗跌，能够起到稳定军心的作用。龙头品种通常有大资金介入背景，有实质性题材为依托。通常情况下，龙头品种可以从成交量和相对涨幅的分析中选择。

3．用各种技术分析工具

虽然我国邮市存在庄家设置图表陷阱的现象，导致在某些情况下技术分析方法失灵，但真正领悟了技术分析的精髓之后就能具有识别技术陷阱的经验方法，在此基础上运用技术分析方法确定中短线个票的买卖时机，仍然不失为一种有效和可行的途径。如组合移动平均线的运用，资金流向及成交量分析，形态理论运用等看似十分简单的分析方法，在实践中如能结合基本分析正确地运用，对投资者选品种很有帮助。比如，从技术上分析，短线选择藏品必须是5日线向上且有一定斜率的才考虑。如图12-1所示。

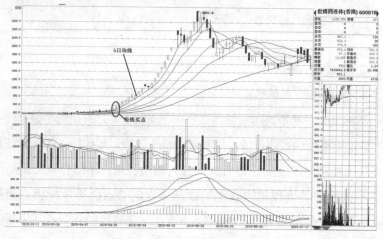

图12-1 短线操作个票必要条件

买入的时机是在中长阳线放量创新高后，无量回抽5日线企稳的时候。但有的时候遇到连续放量暴涨的个票，尤其是低位放量起来的个票，次日量比又放大数倍乃至数十倍的可以追涨进场。

4．严格遵守纪律

短线操作最重要的是要设定止损点。一旦失败就要有勇气止损出局，这是铁的纪律。原则上三点或五点一赚，即有3%或5%的利润就出局，积少可以成多。如果红色的K线在你眼里变成了黄金无限延长，这时恰恰是你最需要出局的时候。短线出局的原则是个票涨势一旦逆转就出局，跌破5日线或邮价小于前两天（2日均线走平）或前三天（三日均线走平）的收盘价时就跑，这是比较好的办法。

💬 **理财箴言**

一旦选好了超短线个票，就应该按照预订计划坚决地去做。现在能够选出好票的人很多，但最后自己并没有操作。我们在作决定的时候更多地应该相信自己事先比较细致和系统的分析，而不要让所谓的市场消息改变你的意志。

短线制胜要讲究策略

📃 **要点导读**

> 注重资金安全原则的投资者，应该关注的是动能充足、价值有保证或处于快速上涨初期阶段的藏品，甚至是处于中长期上升趋势中的藏品。这些藏品的上涨趋势强劲，起码可以保证投资者不损失本金。

📇 **实战解析**

短线炒邮相对于普通邮币卡操作有其特性，投资者在制定操作策略时，需要特别注意几个要点。

1. 永远要把资金的安全放在第一位

资金的安全就意味着永远有机会，若资金被套了，则即便发现好的机会也不见得能弥补割肉带来的损失。事实上，邮市中短线机会是非常多的，无论是在什么行情中。

为了保障资金的安全，投资者在短线操作中尽量不要选下跌趋势、震荡盘整趋势、买方动能小于卖方动能、上涨幅度过高导致超买或有退市风险等情况的藏品。这些类型的品种或许满足某个上涨的因素，也可

257

能带来一定程度的反弹或上涨，但风险太大，不满足资金安全的原则。

2. 与庄共舞

短线投资者需要跟庄操作，通过对K线图、资金出入数据、技术指标等进行分析，从而判断庄家的操作计划、买卖步骤，最终在庄家拉升的过程中获取利润。

庄家的操作行为在很大程度上能直接影响邮价的涨跌，从K线图以及指标上可以得到邮价走势的反映，这是逆向对庄家行为进行推理的理论依据。

3. 需要学会观望和快进快出

短线操作中首先要学会持币观望机会，直到出现合适的买入时机再出手。不要盲目地介入某个品种，也不建议提前介入而降低资金的使用效率。在发现藏品出现买入时机时，经过谨慎分析之后果断买入。当行情发现变化时迅速出局，落袋为安。

短线操作中的买入时机应该是上升趋势得到确认之后，如图12-2所示；而卖出时机则是短期顶部信号发出时，而非顶部信号得到确认之后。

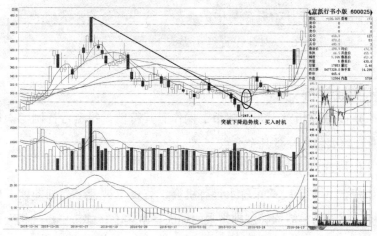

图12-2 上升趋势得到确认是买入时机

4. 制定止损止盈目标并严格遵循

短线操作中要避免贪念。不甘心止损或不舍得止盈都属于贪念的范畴。理性分析，果断买卖，要严格遵守自己设定的止损或止盈目标。

当然，当由于突发事件导致邮价动能进一步加强时，可以进一步调整目标价位。比如当有利好消息出现时，可以调高目标价位；当突发利空消息导致邮价走势偏离预判时，也要降低目标价位。

理财箴言

实际操作中，投资者可以将可动用的资金分成三份。当对藏品走势信心充足时，可以投入两份甚至所有资金来操作。当信心并不充足时，可以动用三分之一的资金来操作，从而保证手头有可动用的资金来抓住其余的机会。

风险防范的四大策略

要点导读

> 邮市风险的防范，首先是要防范系统风险。为了有效地防范系统风险，投资者还需密切关注宏观经济形势的发展，特别是要关注国家的政治局势、宏观经济政策导向、货币政策的变化、利率变动趋势和税收政策的变化等。如果在这些因素发生变化之前采取行动，投资者也就成功地逃避了系统风险。

实战解析

防范投资者自身风险，也是非常重要的一个方面。目前仍有许多投资者入市盲目，投资草率，要么就是跟风赶潮，追涨杀跌；要么就是碰运气，没有正确的投资理念与成熟的投资技巧。

藏品价格的变幻规律难以掌握，藏品的风险就较难控制。为了规避风险，使邮币卡投资的收益尽可能达到最大化，投资者需要掌握一些邮币卡投资的基本策略。

1. 固定投入法

固定投入法是一种摊低藏品购买成本的投资方法。采用这种方法时，其关键是投资者不要理会藏品价格的波动，在一定时期固定投入相同数量的资金。经过一段时间后，高价品种与低价品种就会互相搭配，使藏品的购买成本维持在市场的平均水平。

2. 固定比例法

固定比例法是指投资者采用同定比例的投资组合，以减少邮币卡投资风险的一种投资策略。固定比例法是建立在投资者既定目标的基础上的。如果投资者的目标发生变化，那么投资组合的比例也要相应变化。

3. 可变比例法

可变比例法是指投资者采用的投资组合的比例随藏品价格涨跌而变化的一种投资策略。它的基础是一条藏品的预期价格走势线。投资者可根据藏品价格在预期价格走势上的变化，确定藏品的买卖，从而使投资组合的比例发生变化。

4. 相对有利法

相对有利法是指在邮市投资中，只要投资者的收益达到预期的获利目标时，就立即出手的投资策略。一般投资者很难达到最低价买进、最高价卖出的要求，只要达到了预期获利目标，就应该立即出手，不要过于贪心。至于预期的获利目标则可根据各种因素，由投资者预先确定。

💬 **理财箴言**

对于非系统风险的防范，主要在选择时对具体藏品的基本方面要有详细的了解，力图对该藏品的增值前景做出比较客观的预测。即便如此，由于经济发展过程中还是存在着投资者难以预测的不确定因素，所以防范非系统风险的有效方法还是在于分散投资，这就是在选择投资组合时，要注意不同板块、不同种类藏品之间的搭配，一旦某件藏品的收益情况不尽如人意，其他藏品的收益还能在一定的程度上弥补损失。